내일은
프라하

*늑한*버방

내일은 프라하

초판 1쇄 · 2019년 9월 5일

발행인 · 노시영, 홍선화
지은이 · 〈온 더 로드〉
기획 · 레오 안
지도 / 편집디자인 · 디아모
표지 일러스트 · 권우희 91360622@naver.com

펴낸 곳 · 도서출판 착한책방
출판사 등록일 · 2014년 12월 3일 (제 2014-000028호)
주소 · 경기도 고양시 일산서구 탄현로 136
홈페이지 주소 · blog.naver.com/chakhanbooks
이메일 · chakhanbooks@naver.com

ISBN 979-11-955449-4-3 (세트)
ISBN 979-11-88063-37-6

이 책의 국립중앙도서관 출판시도서목록(CIP)은 서지정보유통지원시스템 홈페이지(seoji.nl.go.kr)와
국가자료공동목록시스템(www.nl.go.kr/kolisnet)에서 이용하실 수 있습니다.
CIP제어번호 : CIP2019032605

착한책방 포스트　　　　착한책방 블로그

"

여행이라는 말을 떠올리는 것만으로도
우리는 마음이 설렙니다.

여행자의 행복한 여행을 위해
많은 곳을 소개하기보다는 즐거운 곳을,
많은 정보를 담기보다는
꼭 필요한 정보만을 담았습니다.

여행자의 좋은 벗이 되기 위해
언제나 발걸음을 쉬지 않겠습니다.

우리는 언제나 낯선 길을 걷고 있다.
〈온 더 로드〉

"

가이드북 일러두기

첫번째 '한눈에 보기'

여행지 소개 중 가장 먼저 나오는 '한 눈에 보기'는 여행하게 될 여러 장소의 위치와 장소에 대한 간략한 설명, 가는 방법 등을 보기 쉽게 요약해 놓은 페이지입니다. 여행하기 전 눈으로 익혀 두면 여행지를 이해하는데 많은 도움이 됩니다.

두번째 '추천일정'

해당 지역을 여행하고자 하는 여행자들이 손쉽게 일정을 계획할 수 있도록 프라하는 물론 프라하 근교 도시의 베스트 추천일정과 대략적인 예산을 소개하였습니다.

세번째 '여행의 기술'

여행을 하기 전 알아두면 좋은 여행 정보 사이트나 여행 일정 팁, 관광안내소, 교통정보 및 패스 등에 대해 알려주는 챕터입니다. '여행의 기술'에 나온 정보들을 미리 알아두고 간다면 편하고 알찬 여행이 될 것입니다.

네번째 '볼거리 소개'

여행지의 볼거리와 맛집 등을 소개하는 챕터입니다. 명소의 특징을 이해하기 쉽도록 특징적인 아이콘을 이용해 구분하고 페이지마다 규칙적인 디자인을 적용해 여행자가 쉽고 빠르게 정보를 찾을 수 있도록 하였습니다.

 볼거리   식당   쇼핑   체험

지도 및 지도에 사용된 아이콘

여행자들의 편의를 고려해 가이드북의 특성에 맞는 맞춤형 지도로 제작, 볼거리의 위치와 본문내용을 쉽게 연결하여 볼 수 있도록 지도와 본문 모두에 페이지와 위치를 동시 표기하였습니다. 또한 본문 하단에 17자리 구글맵 좌표와 함께 맵코드를 수록해 해당 장소의 위치를 빠르고 정확하게 찾을 수 있도록 하였습니다.

 주요볼거리

 관광안내소   식당   카페/찻집   빵/디저트   쇼핑   숙소   마트   우체국   병원   경찰서

 기차   노면전차   버스터미널   항구   자전거대여소   화장실   공원   박물관/미술관 환전소 버스정류장

* 내일은 프라하에 실린 정보는 2019년 8월을 기준으로 작성되었습니다만 현지 사정에 따라 변동이 될 수 있습니다. 잘못된 정보나 변동된 정보는 개정판에 반영해 더욱 알찬 가이드북을 만들도록 노력하겠습니다.
* 본문에 사용된 인명, 지명 등 체코어 및 외래어는 국립국어원의 외래어 표기법에 맞춰 수록하였습니다. 단, 체코어 회화 발음은 현지에서의 의사소통에 어려움이 없도록 실제 발음에 가까운 표기를 사용하였습니다.

우 메드비쿠 U Medvídků

프라하에서 가장 오래된 양조장 1466년부터 맥주를 만들어온 프라하에서 가장 크고 오래된 맥주 양조장으로 300석이 넘는 최초이 바런되어 있다. 바츨라프 광장 근처에 자리하고 있어 접근성이 좋은 데다 부드베르, Budvar 생맥주와 꼴레뇨, 슈니첼, 굴라시 등 체코 전통요리를 즐길 수 있어 프라하 시민은 물론 전 세계의 관광객들이 많이 찾는다. 특히 이곳에서는 오크통에서 30주 동안 숙성시켜 만든 세계에서 가장 높은 도수의 맥주 'XBEER-33'(알코올 도수 12.6)도 맛볼 수 있다. 우리나라 KBS 다큐멘터리 〈맥 년의 가게〉에 소개된 적도 있다. 워낙 명성이 높은 곳이라 관련 기념품을 판매하는 숍도 있으며, 맥주 바와 레스토랑, 호텔 등을 함께 운영하고 있다.

구 글 맵 5G.082846, 14.418713
홈페이지 www.umedvidku.cz
운   영 11:30~23:00
예   산 맥주 45CZK~, 메인요리 200CZK~
위   치 바츨라프 광장에서 도보 5분

우 글라우비추...

섬 미술관과 성당에 ...
년에 지어진 역사적인...
를 다고, 필스너 우르...
기 있고, 스비치코바...
오르는 길목에 위치해...
TV 프로그램 〈꽃보다...
즐기고 다른 레스토랑...
인다면 메뉴는 2인당 ...

구 글 맵 50.087663, 1...
홈페이지 www.restaur...
운   영 10:30~23:00
예   산 맥주 36CZK~...
위   치 프라하성에서 ...

가이드북 최초로 명소별 QR 코드를 수록!
QR 코드 스캔과 동시에 해당 여행지나 음식섬의
구글맵 페이지로 연결되어 길찾기는 물론 사진, 평점,
리뷰, 영업시간, 시간대별 붐빔 정도 등 구글맵의 정보를
실시간으로 찾아볼 수 있습니다.
또한 와이파이가 안되더라도 본문에 수록된 17자리 구글
맵 좌표를 입력하면 해당 장소의 위치를 빠르고 정확하게
찾을 수 있습니다.

구시가 광장
Staroměstská Náměstí

아름다운 프라하, 그 중심에 서다!

카를교
Karlův Most

눈부신 풍경을 바라보다!

존 레넌 벽
Zed' Johna Lennona

자유와 평화를 열망하다!

성 미쿨라셰 성당
Kostel sv. Mikuláše

모차르트를 기억하며...

성 비타 대성당
Katedrála sv. Víta

빛, 그림이되다!

스트라호프 도서관
Strahovská knihovna

오늘은 왠지 책이 읽고 싶다!

스트라호프 수도원
Strahovský klášter

프라하를 조망하다!

레트나 공원
Letenské sady

한적한 공원을 거닐다!

필스너 우르켈 양조장
Plzeňský Prazdroj

양조장 굴뚝 밑에서 즐기는 맥주!

카를로비바리 온천

Karlovy Vary Lázně

마시는 온천을 가다!

체스키크룸로프
Český Krumlov

아름다운 중세마을에 머물다.

CONTENTS

CZECH BASIC INFO
체코 기본정보

정식국명
체코공화국 (Česká republika)
영어식 표기(Czech Republic)

국기
하얀색과 빨간색은 보헤미아(Bohemia)와
모라비아(Moravia)의 상징이며, 파란색은
슬로바키아의 문장 색에서 따왔다. 1920년
체코슬로바키아 시절 제정된 국기를 지금
도 계속 사용하고 있다.

인구
1,063만 명(2019년 기준)

수도
프라하 (Praha, 인구 131만 명)
영어식 표기 Prague

면적
78,867㎢ (한반도 면적의 1/3)

언어
체코어(공용어), 관광지에서는 영어, 독일
어, 프랑스어 소통 가능.

종교
가톨릭(39.2%), 무교(34.5%), 기독교
(1.1%), 기타(25.2%)

기후

중부 유럽에 위치한 체코는 대륙성 기후와 해양성 기후의 중간 지대로 온대 기후를 나타낸다. 사계절이 있으며 대체로 우리나라와 비슷한 기후를 보인다. 봄·가을 날씨는 우리나라와 비슷하며 여름은 우리나라보다 습도와 온도가 낮고, 겨울은 눈과 비가 자주 내린다.

통화 (화폐)

체코의 화폐단위는 코루나 Czech Koruna이며 CZK 또는 Kč로 표기한다. 지폐는 100, 200, 500, 1000, 2000, 5000 CZK가 있으며, 동전은 1, 2, 5, 10, 20, 50 CZK가 있다. 일부 상점이나 레스토랑 및 관광안내소 등에서는 유로화도 사용 가능하다.

신용카드/체크카드

세계적으로 통용되는 VISA, MasterCard 등 신용카드/체크카드는 레스토랑, 상점, 쇼핑몰 등에서 사용할 수 있다. 단, 일부 상점에서는 카드 사용이 불가하거나 종종 오류가 나기도 하니, 종류가 다른 카드로 2개 이상 준비하고 현금도 소지하는 것이 좋다. 또한 출국 전 자신의 카드가 해외에서도 사용 가능한 것인지 미리 체크해두는 것이 좋다.

현금 인출기 (ATM)

현금 인출기(ATM)는 은행, 우체국, 쇼핑센터, 메트로 역 등 프라하 시내 곳곳에 찾을 수 있으며, 카드에 Plus, MasterCard, Cirrus 등의 마크가 있는 경우 대부분 체코 화폐로 인출 가능하다. 보통 비밀번호는 4자리를 입력하지만, 간혹 6자리를 입력해야 하는 경우 4자리 비밀번호 뒤에 숫자 00을 붙이면 된다.

환전

체코에서는 유로화가 아닌 코루나 CZK를 사용하기 때문에 우리나라에서 먼저 유로화로 환전한 뒤 현지에 도착해 체코 화폐로 환전해야 한다. 프라하에는 공항, 중앙역, 버스터미널은 물론 시내 중심 곳곳에 수많은 환전소가 있다. 특히 공항과 중앙역 등은 환율이 좋지 않으니 급하게 필요한 금액만 환전하고, 되도록 프라하 시내의 환전소를 이용하도록 하자. 이중 환전이 싫다면 국제현금카드를 이용해 ATM에서 현금을 인출하는 것도 방법이다. (인출 수수료 있음)

환율

1유로 = 약 26코루나

1코루나 = 약 52원 (2019년 8월 기준)

여행정보

체코 관광청 www.czechtourism.com
프라하 관광 안내 www.praguecitytourism.cz/en
프라하 여행 정보 www.prague.eu/ko
네이버 카페 유랑 cafe.naver.com/firenze

비자

관광·방문 등의 목적으로 입국 시 무비자로 90일간 체류 가능 (쉥겐 조약 Schengen 가입국)

전압과 플러그

체코의 표준 전압은 220~240V, 주파수는 50Hz이며, 콘센트 모양이 우리나라와 같아 한국에서 사용하던 전자제품 그대로 사용할 수 있다. 단, 콘센트 수가 1~2개 정도밖에 없는 숙소도 있으니 멀티 콘센트를 준비해 가는 것이 편리하다.

팁 문화

체코의 레스토랑, 바, 카페 등에서는 요금을 지불할 때 이용금액의 10% 정도의 팁을 주는 것이 일반적이다. 가격표에 이미 팁이 포함되어 있는 경우 별도의 팁을 주지 않아도 되며, 서비스가 아주 만족스러웠다면 추가 팁을 지불해도 된다. 보통 이용금액 10%를 반올림하여 팁으로 지불한다.

시차

한국보다 8시간 느리다. 예를 들어 한국이 오전 10시일 경우, 체코는 오전 2시. 서머타임이 적용되는 기간인 3월 마지막 주 일요일~10월 마지막 주 일요일에는 7시간의 시차가 있다.

물

체코어로 물은 보다(Voda)라고 한다. 슈퍼마켓이나 마트 등에 파는 물은 크게 일반 생수(Neperlivá)와 탄산수(Perlivá 또는 sýtená), 약한 탄산수(Jemně perlivá) 등 3종류가 있으며, 생수병 하단에 물의 종류를 말해주는 단어가 적혀 있다. 잘 모르겠다면 가장 익숙한 생수 브랜드를 보고 고르는 것이 좋다. 유럽의 대표적인 생수 브랜드에는 에비앙 Evian, 볼빅 Volvic, 비텔 Vittel 등이 있으며, 탄산수 브랜드에는 페리에 Perrier, 바두아 Badoit 등이 있다. 레스토랑에서 물을 주문할 경우, 영어로 생수는 Still 또는 No Gas Water, 탄산수는 Sparkling Water 라고 말하면 되고, 메뉴판에 적힌 생수 브랜드를 말해도 된다.

탄산수(Perlivá)와 생수(Neperlivá)   약한 탄산수(Jemně perlivá)   생수(Still)

인터넷·휴대전화

맥도널드, 스타벅스 등을 비롯해 대부분의 카페와 레스토랑, 숙소 등에서 와이파이 사용이 가능하다. 프라하에서 심 카드를 직접 구매하려면 유럽에서 많이 사용하는 통신사 브랜드인 보다폰 Vodafone을 사용하면 된다. 보다폰 대리점은 메트로 B선 나로드니 트리다 Národní třída 역 주변 테스코 마이 Tesco My 백화점 근처에 있다.

화장실

유럽의 공중화장실은 박물관, 카페, 레스토랑 등을 이용할 경우를 제외하고 대부분 유료이다. 화장실 이용 시 보통 10~20CZK정도를 내야 하니 동전을 미리미리 준비해 두는 것이 좋다. 또한, 화장실에 그림이 아닌 체코어로만 성별 구분이 되어있는 곳도 있으니 단어를 알아두는 것이 좋다. (남자는 M 또는 Muži 라고 표기되어 있으며, 여자는 Ž 또는 Žena, D 또는 Dámy 라고 표기되어 있다.)

체코 공휴일 _2020년 기준

1월 1일: 신년
4월 12~13일: 부활절과 다음 월요일*
5월 1일: 노동절
5월 8일: 나치 해방 기념일
7월 5일: 성 시릴과 성 메토디오스의 날
7월 6일: 얀 후스 순교 기념일
9월 28일: 체코 건국일

10월 28일: 체코슬로바키아 건국일
11월 17일: 자유와 민주항쟁의 날
12월 24~26일: 크리스마스 연휴

*표시는 해마다 바뀌는 공휴일

※체코의 공휴일에는 행정기관, 은행 등은 물론 영업을 하지 않는 상점도 많다. 여행 일정 계획 시 방문하는 기간 내 체코의 공휴일이 있는지 확인하고, 방문할 곳의 운영 여부도 반드시 확인하는 것이 좋다.

주체코 대한민국대사관 (프라하)

홈페이지 overseas.mofa.go.kr/cz-ko/index.do

주 소 Slavickova 5, 160 00 Praha 6-Bubenec, Czech Republic

운 영 월~금 09:00~12:30, 13:30~17:00

연 락 처 대표번호 : +420-234-090-411

긴급연락처(사건·사고) : +420-725-352-420

이 메 일 czech@mofa.go.kr

위 치 메트로 A선 흐라드칸스카 (Hradčanská)역에서 도보 5분

긴급연락처

경 찰 158

소 방 서 150

구 급 차 155

체코 여행 시 알아두면 유용한 여행 정보

1. 인사는 내가 먼저!

레스토랑이나 상점을 이용할 때는 물론 관광안내소, 티켓 판매소, 슈퍼마켓 등에 들어갈 때나 나올 때 체코어로 먼저 인사를 건네보자. 직원들의 호의는 물론 체코 여행이 한층 더 즐거워짐을 느낄 수 있을 것이다. 우리나라를 찾은 외국인 관광객이 서툰 한국어로 인사를 건네는 상황을 상상해 보면 쉽게 이해가 갈 것이다.

2. 체코어를 몰라도 괜찮아요.

체코어는 우리에게 많이 생소한 언어이지만, 전 세계 관광객들이 찾는 관광도시 프라하의 공항, 기차역, 버스터미널 등에는 영어로 표기가 되어있어 여행하기에 큰 불편함은 없다. 또한 한국인 여행객이 많이 찾는 프라하는 공항이나 관광지 안내판 등이 한글로 적혀 있는 곳도 많다. 관광명소 주변의 레스토랑 및 상점가에서는 영어 이외에 독일어, 프랑스어 소통도 가능하다.

단, 인기 관광명소가 아니거나 관광객이 적은 도시 등을 여행할 경우 체코어로만 표기되어 있으니 기차역, 입구, 출구, 역, 티켓, 화장실 등 간단한 체코어 단어는 익혀 두는게 여러모로 편리하다. (간단한 체코어 참조 p.264)

3. 영어를 잘하지 못해도 괜찮아요.

영어를 잘하지 못하더라도 간단한 단어와 짧은 문장만으로 의사소통할 수 있으니 너무 걱정하지는 말자. 가이드북이나 종이 등에 적혀 있는 단어를 보여주거나 스마트폰의 회화/번역 앱을 이용하는 것도 좋다. 단, 긴 문장보다는 정확한 의사소통이 더 중요하니 중요한 단어만 확실하게 말하는 것이 좋다. 호텔이나 버스, 투어 등 이용 시에서는 바우처나 예약 메일, 예약번호 등을 인쇄물이나 스마트폰 화면 등으로 보여주면 된다.

4. 소지품 관리에 유의하는 것이 좋아요.

체코는 동유럽 다른 국가에 비해 치안상태는 좋은 편이지만, 관광객이 많은 명소나 기차역 근처에는 소매치기가 많으니 소지품 관리에 유의하는 것이 좋다. 특히 프라하 중앙역, 대형마트 계산대 앞 주변에는 소매치기가 많으므로 여권과 현금은 물론 스마트폰, 카메라 등 고가의 소지품을 잘 챙기는 것이 좋다. 가방은 몸 앞쪽으로 매고, 백팩보다는 크로스백, 허리에 차는 힙색 등을 이용하도록 하자. 특히 길거리에서 스마트폰으로 구글맵 등으로 위치를 확인하느라 정신을 팔린 사이에도 소매치기의 표적이 될 수 있으니 주의할 것!

5. 레스토랑 이용 시 에티켓을 알아두면 좋아요.

유럽의 레스토랑에서는 소리 내어 직원을 부르거나 손짓으로 사람을 부르는 것은 예의가 아니므로, 직원과 눈을 마주치거나 살짝 고개를 끄덕여 직원을 불러야 한다. 또한 테이블마다 담당 직원이 정해져 있는 경우가 많으므로 담당 직원이 메뉴판을 가져다줄 때까지 느긋한 마음으로 기다리는 것이 좋다. 담당 직원이 아닌 다른 직원에게 요청을 해봤자 요청을 무시하는 경우가 대부분이니 조급해지지 말고 직원이 올 때까지 기다리도록 하자. 계산도 테이블에서 담당 직원에게 하는 경우가 대부분이다.

6. 체코에는 반려견을 데리고 다니는 사람이 많아요.

체코인들은 개를 유난히 사랑하기 때문에 공원은 물론 대중교통수단, 음식점, 카페 등에서도 반려견을 데리고 다니는 경우를 자주 볼 수 있으니 여행에 참고하자.

7. 박물관에서 셀카봉은 잠시 넣어두세요.

셀카봉은 여행에 없어서는 안 될 필수품이지만, 최근 셀카봉으로 인한 피해가 증가하면서 셀카봉 사용을 금지하는 곳이 점차 늘어나고 있다. 특히 유럽 내 박물관, 미술관, 성당 내부 등에서는 셀카봉 사용이 금지되는 곳이 많으니 잘 알아두자.

체코는 중부 유럽의 내륙국으로 독일, 오스트리아, 슬로바키아, 폴란드와 국경을 맞대고 있다. 동쪽에서 서쪽까지의 거리는 493km이고 북쪽에서 남쪽까지는 278km로 유럽에서 21번째로 면적이 크다. 베를린에서 350km, 빈에서 330km, 부다페스트에서 530km 떨어져 있다.

체코는 크게 서쪽의 보헤미아 Bohemia 지역과 동쪽의 모라비아 Moravia 지역으로 나뉘며 수도는 프라하 Praha이다. 보헤미아의 대표도시로는 프라하를 비롯해 필스너 우르켈 맥주의 본고장 플젠 Plzeň, 마시는 온천 휴양지 카를로비바리 Karlovy Vary, 도시 전체가 유네스코 문화유산에 등재된 체스키크룸로프 Český Krumlov 등이 있으며, 모라비아의 대표도시로는 브르노 Brno와 올로모우츠 Olomouc 등이 있다.

체코 관광청 www.czechtourism.com

CZECH?

체코는 어디일까

프라하 Praha
(영어로 Prague)

체코의 수도. 세계에서 가장 큰 규모의 고대 성채 프라하성, 건축사박물관으로 불릴 만큼 고풍스러운 중세 건물로 가득한 구시가, 프라하 중심을 유유히 흐르는 블타바강 등 다양한 볼거리를 간직한 로맨틱한 도시로 전 세계의 관광객들에게 많은 사랑을 받고 있다.

프라하 관광 안내
www.praguecitytourism.cz/en

플젠 Plzeň
(영어로 Pilsen)

맥주의 도시. 프라하에서 남서쪽으로 90km 떨어진 체코서부 보헤미아 지방의 작은 도시로 프라하에서 당일치기로 많이 찾는다. 세계적으로도 유명한 맥주 필스너 우르켈(Pilsner Urquell)이 탄생한 곳으로 맥주 마니아들의 발길이 이어진다.

플젠 관광 안내
www.pilsen.eu/tourist

카를로비바리

Karlovy Vary

온천과 휴양의 도시. 프라하에서 서쪽으로 약 130km 떨어져 있는 카를로비바리는 유럽 대표 온천 휴양지 중 하나로 휴양과 치료를 목적으로 찾는 이들이 많다. 특히 당뇨·위장질환·혈액순환·스트레스 등에 치유 효과가 있는 온천수를 음용하는 것이 여행의 하이라이트다.

카를로비바리 관광 안내
www.karlovyvary.cz

체스키크룸로프

Český Krumlov

보헤미아의 보석으로 불리는 중세도시. 체코 남보헤미아 지방의 작은 도시로 프라하에서 약 180km 떨어져 있다. 마을 전체를 S자 모양으로 휘감아 흐르는 블타바강과 붉은 지붕이 어우러진 마을의 아름다운 풍경은 동화 속 한 장면을 연상시킨다. 1992년 구시가지 전체가 유네스코 문화유산에 등재되었다.

체스키크룸로프 관광 안내
www.ckrumlov.cz

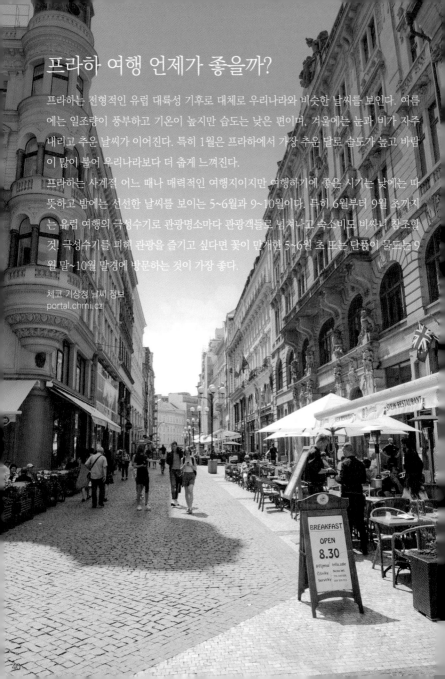

프라하 여행 언제가 좋을까?

프라하는 전형적인 유럽 대륙성 기후로 대체로 우리나라와 비슷한 날씨를 보인다. 여름에는 일조량이 풍부하고 기온이 높지만 습도는 낮은 편이며, 겨울에는 눈과 비가 자주 내리고 추운 날씨가 이어진다. 특히 1월은 프라하에서 가장 추운 달로 습도가 높고 바람이 많이 불어 우리나라보다 더 춥게 느껴진다.

프라하는 사계절 어느 때나 매력적인 여행지이지만 여행하기에 좋은 시기는 낮에는 따뜻하고 밤에는 선선한 날씨를 보이는 5~6월과 9~10월이다. 특히 6월부터 9월 초까지는 유럽 여행의 극성수기로 관광명소마다 관광객들로 넘쳐나고 숙소비도 비싸니 참조할 것! 극성수기를 피해 관광을 즐기고 싶다면 꽃이 만개한 5~6월 초 또는 단풍이 물드는 9월 말~10월 말경에 방문하는 것이 가장 좋다.

체코 기상청 날씨 정보
portal.chmi.cz/

계절	월	옷차림
봄 / 가을	3~5월/9~11월	우리나라의 봄가을에 해당하는 시기로 낮에는 따뜻하고 밤에는 쌀쌀하다. 여러 겹을 입거나 따뜻한 외투를 준비하는 것이 좋다.
여름	6~8월	우리나라 초여름 날씨로 일조량이 풍부하지만, 아침저녁에는 쌀쌀하다. 일교차가 큰 편이니 유람선을 타거나 비 오는 날 등을 대비해 카디건 등 얇은 겉옷을 준비하자.
겨울	12~2월	습도가 높고 바람이 많이 불어 우리나라 겨울보다 더 춥게 느껴진다. 따뜻한 패딩이나 코트, 장갑, 모자, 목도리 등은 필수. 또한 유럽 숙소 대부분은 우리나라보다 난방 시스템이 발달하지 않아 더 춥게 느껴진다.

※ 최근에는 이상 기온 현상으로 통계와 다르게 폭염·폭우·폭설 등이 있기도 하니, 여행 전 당시 날씨를 참조해 여행 옷차림 등을 준비하는 것이 좋다.

월별 날씨 정보

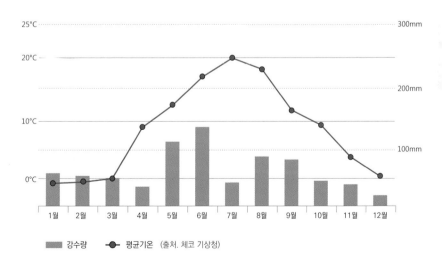

■ 강수량   ●— 평균기온 (출처. 체코 기상청)

프라하의 봄 국제 음악제 Prague Spring

70년 역사를 자랑하는 프라하를 대표하는 국제 음악제로 세계 최고의 뮤지션과 심포니 오케스트라의 공연을 감상할 수 있다. 스메타나의 기일인 5월 12일, 시민회관에서 〈나의 조국〉을 시작으로 축제의 막이 열리고, 베토벤의 교향곡 9번 〈합창〉을 연주하며 축제의 막이 내린다.

홈페이지 www.festival.cz/en
일 정 프라하, 5월 12일~6월 초(3주간)

프라하 체코 맥주축제 Czech Beer Festival Prague

70개 브랜드의 체코 맥주와 체코 전통요리를 즐길 수 있는 축제가 17일 동안 열린다.

홈페이지 www.czechtourism.com/e/czech-beer-festival-prague
일 정 프라하, 5월 중순 ~ 6월 초(17일간)

카를로비바리 국제영화제 Karlovy Vary International Film Festival

온천 휴양지로 유명한 카를로비바리에서 개최되는 국제영화제로 매년 200개가 넘는 영화 시사회가 열린다. 중부유럽에서 가장 유명한 국제영화제로 세계 각국의 영화감독과 배우, 수많은 영화 팬들이 이곳을 찾는다.

홈페이지 www.kviff.com
일 정 카를로비바리, 7월 초 (9일간)

보헤미아 재즈 페스트 Bohemia Jazz Fest

프라하 Praha, 플젠 Plzeň, 브르노 Brno, Liberec, Domažlice, Tábor 등 6개 도시에서 개최되는 여름 재즈 페스티벌이다. 전 세계 재즈 뮤지션들의 음악을 무료로 만날 수 있다.

홈페이지 www.bohemiajazzfest.cz/en
일 정 체코 6개 도시, 7월 8일~7월 15일

플젠 필스너 페스트 Pilsner Fest Pilsen

필스너 우르켈의 본고장 플젠 Plzeň 에서 열리는 맥주 축제로 1842년 10월 5일 필스너 우르켈이 처음 만들어진 날을 기념하여 매년 10월 초 개최된다. 필스너 우르켈 양조장에서는 연중 내내 7℃의 온도를 유지하는 저장고에 보관된, 여과되지 않고 살균되지 않은 필스너 우르켈을 맛볼 수 있다.

홈페이지 www.pilsnerfest.cz
일 정 플젠, 10월 초 (매년 조금씩 달라짐)

시그널 페스티벌 Signal Festival

체코에서 가장 큰 문화행사 중 하나로 나흘 동안 빛의 축제가 펼쳐진다. 프라하의 거리와 공공장소, 역사적 건축물에 환상적인 조명과 비디오 영상이 비춰진다.

홈 페 이 지 www.signalfestival.com
일　　정 프라하, 10월 중순(4일간)

프라하 크리스마스 마켓 Christmas Markets

매년 크리스마스 시즌에는 체코 각 도시에서 크리스마스 마켓이 열린다. 프라하 구시가 광장에는 대형 크리스마스트리가 설치되고 크리스마스 관련 다양한 소품과 장신구 등을 비롯해 굴뚝빵(뜨르들로), 소시지 등 다양한 먹거리를 판매하는 상점이 들어선다.

홈 페 이 지 www.czechtourism.com/e/christmas-markets-prague
일　　정 프라하, 11월 말~1월 초

프라하 크리스마스 마켓 Christmas Markets

시간이 부족해도 여긴 꼭 가봐야 해!
프라하의 하이라이트만 골라보는 프라하 핵심 2일 여행!

2day코스

유럽 여행 중 단 이틀만 프라하에 머무를 수 있다면!
소중한 시간을 할애해 프라하에 방문한 이들을 위해!
프라하에 왔다면 꼭 봐야 할 프라하의 핵심명소만 쏘옥 골랐다.

건축 박물관 구시가 탐방! 저녁은 시원한 맥주로 마무리!

첫째 날은 고풍스러운 중세 건물이 늘어선 구시가에서 프라
하의 대표명소를 둘러보자. 구시가 광장에서 천문시계와 틴
성모 성당을 둘러보고, 박물관을 좋아한다면 아르누보 양식
의 대표 화가인 알폰스 무하 박물관에 가보거나 슬픈 역사
를 담고 있는 유대인 지구 요제포프에도 가보자. 오후에는
카를교로 이동해 카를교와 프라하성을 한눈에 조망할 수 있
는 구시가 교탑에 올라보고, 저녁에는 시원한 맥주로 하루
를 마감하자.

10:00 구시가 명소 둘러보기 - 구시가 광장,
　　　 천문시계, 틴 성모 성당, 화약탑 등
12:00 체코 전통요리 즐기기
13:30 알폰스 무하 박물관 또는 요제포프
16:00 프라하 카페 탐방
17:00 카를교 이동, 구시가 교탑 오르기
19:00 저녁과 시원한 체코 맥주 즐기기

프라하의 상징, 프라하성과 주변 둘러보기!

먼저 구시가에서 22번 트램을 타고 스트라호프 수도원에
내려 프라하의 전경을 내려다보고, 프레스코 천장화가 유명
한 스트라호프 도서관에도 가보자. 점심에는 스트라호프 수
도원 안에 자리한 소규모 양조장에 들러 맛있는 맥주와 체
코 전통요리를 즐겨보자. 식사 후에는 프라하성으로 이동
해 왕실 정원, 대통령궁, 성 비타 대성당, 황금소로 등을 둘
러보고, 존 레넌 벽을 지나 캄파섬 산책을 즐기자. 저녁에는
마리오네트 공연을 즐겨보자.

10:00 22번 트램 타고 스트라호프 수도원 도착
10:30 스트라호프 도서관 둘러보기
11:30 수도원 브루어리에서 맥주와 점심 즐기기
13:30 프라하성 둘러보기
16:00 존 레넌 벽, 캄파섬 산책
18:00 맛있는 맥주와 저녁 식사
20:00 마리오네트 인형극 관람

프라하만으로는 부족해!
플젠에서 체스키크룸로프까지...프라하에서 떠나는 당일치기 여행!

Around Praha 프라하 근교

프라하가 처음이 아니라면!
프라하 말고 근교 도시까지 가보고 싶다면!

프라하 시내에서 1~3시간 거리에 있는 근교 여행지로 여행을 떠나보자. 당일치기 여행이 가능한 도시로는 맥주의 도시 플젠, 마시는 온천의 도시 카를로비바리, 보헤미아의 보석 체스키크룸로프 등이 있다. 기차보다는 버스를 이용하는 것이 편리하며, 일행이 3~4명이라면 사설 셔틀버스를 이용하는 방법도 있다.

비쉐흐라드 추천 반나절 코스

10:00 가파른 언덕을 올라 처음 만나게 되는 레오폴드 게이트

10:30 성 베드로와 바울의 성당 주변 둘러보기

11:00 체코를 빛낸 위인들이 잠든 비쉐흐라드 묘지 방문하기

12:00 풍광 좋은 비쉐흐라드 성터 산책하기

플젠 추천 1일 코스

09:00 플젠행 버스 또는 기차 탑승

11:00 플젠 구시가 및 지하역사 박물관 관람

14:00 필스너 우르켈 양조장 가이드 투어 참가

17:00 프라하행 버스 또는 기차 탑승

09:00 카를로비바리행 버스 또는 기차 탑승

10:30 콜로나다 산책 & 온천수 마시기

14:00 베헤로브카 박물관 둘러보기

16:00 프라하행 버스 또는 기차 탑승

08:30 체스키크룸로프행 버스 또는 기차 탑승

13:00 점심식사 후 체스키크룸로프 성, 정원 둘러보기

16:00 에곤 실레 아트센터 관람하기

17:00 구시가 산책 후 프라하로 돌아오기

시간적 여유가 된다면 체스키크룸로프에서 1박을 해보는 것도 추천한다.
관광객이 모두 떠난 조용한 체스키크룸로프는 마치 중세시대로 여행 온 듯한 착각마저 일으킨다.

4박 6일 얼마나 들까? (예상비용)

동유럽 대표 관광지 프라하의 물가는 서유럽 물가와 비교하면 많이 저렴한 편이다. 특히 파리, 런던 등 서유럽 관광지보다 숙박비와 식비가 저렴한 편이고, 프라하 대표 볼거리도 구시가를 중심으로 모여 있어 교통비도 거의 들지 않는다. 일반적인 레스토랑에서의 한 끼는 메뉴 하나당 보통 1만 원 정도 예산을 잡으면 되고, 와인 등과 함께 즐기는 고급 레스토랑의 경우 대략 3만 원 정도의 예산을 잡으면 된다. 프라하 이외에 체스키크룸로프, 카를로비바리 등 근교 도시에도 들른다면 프라하에서 이동하는 교통비도 고려해야 한다.

1인 기준 예산 (프라하 4박 6일)

항공권 : 직항 항공편(택스포함) 약 100만 원~
숙박비 : 프라하 4성급 호텔 4박 = 약 48만 원
교통비 : 공항-시내 이동+프라하 시내+근교 도시이동 = 약 800CZK
관광명소 : 프라하성, 카를교탑 등 입장료 800CZK
식사 : 맛집 투어 800CZK*4일 = 3200CZK

최소예산은?

항공권 100만 원 + 숙박비 48만 원 + 4800CZK(약 24만 원)
= 약 172만 원

※항공권은 비성수기나 얼리버드 항공권 구입 시 또는 경유편 항공권 구입 시 약 70만 원대 구입도 가능하다.

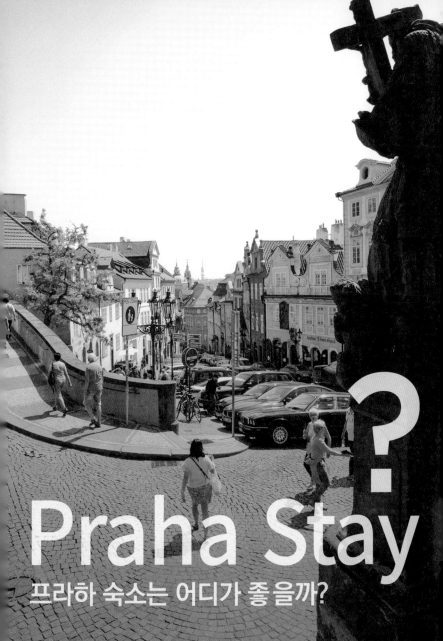

Praha Stay

프라하 숙소는 어디가 좋을까?

프라하 베스트 숙소 찾기!

프라하 숙소 선택의 팁!

전 세계 여행자들이 즐겨 찾는 도시 프라하에는 한인 민박, 현지인 아파트, 호스텔에서 부터 최고급 호텔까지 다양한 숙박 시설이 있다. 기차역이나 메트로 역과의 접근성, 숙소의 청결도, 성수기·비수기에 따라 숙박비가 천차만별이며 인기 숙소의 경우 최소 3달 이전에 예약해야 한다.

숙소 정하는 방법!

1. 첫 번째, 여행목적과 컨셉에 맞는 숙박형태를 고르자.
커플 여행, 가족 단위 여행, 편리하고 깔끔한 숙소를 원한다면 유명 호텔 체인을 이용하는 것이 무난하다. 한국인들과 여행 정보를 공유하고 싶다면 한인 민박을, 세계 여러 나라의 여행자를 만나고 싶다면 호스텔을, 4명 이상의 가족이나 그룹 여행객이라면 현지인 아파트를 이용하는 것이 좋다.

※기차나 메트로 등을 이용해 근교 도시나 다른 나라로 이동한다면 교통이 편리한 곳의 숙소를 선택하는 것이 좋다.

두번째, 마음에 드는 예비 후보들을 뽑아보자!
부킹닷컴, 호텔스컴바인, 호스텔월드 등 숙소 예약사이트에서 해당지역의 숙소 중 높은 평점을 받은 숙소를 검색한다. 또는 전세계 여행자들의 생생한 리뷰를 참고할 수 있는 트립어드바이저나 전세계 여행들의 숙박 공유 사이트인 에어비앤비 airbnb 등에서 숙소를 검색해 보자!

세번째, 가성비 가장 좋은 곳을 골라보자!
역과의 거리, 가격대, 조식포함여부, 체크인, 체크아웃시간 등을 고려해 마음에 드는 숙소 몇 개를 선별한 후카페, 블로그 검색 등을 통해 선별한 숙소의 후기를 살펴본다. 최종적으로 마음에 드는 숙소를 결정하고 예약하면 끝!

숙소형태별 장단점

숙소형태	장점	단점
한인 민박	-호텔보다 숙소비가 저렴하다. -한국인 여행자들과 관광, 쇼핑, 맛집 등 여행 정보를 공유할 수 있다. -아침 또는 저녁으로 한식을 제공하는 곳도 있어 현지 음식이 안 맞는 이들에게 인기.	-너무 저렴한 숙소의 경우 시설이나 교통이 불편하거나 관광지에서 다소 떨어져 있을 수 있으니 예약 전 후기를 잘 살펴보자. -오래된 건물의 경우 엘리베이터가 없는 곳도 있으니 예약 시 꼼꼼히 체크할 것!
호스텔	전 세계에서 온 배낭여행자들과 자연스럽게 어울릴 기회를 마련할 수 있고, 영어 및 다른 나라 언어로 대화를 즐길 수 있다.	-개인 공간이 없어 불편하고, 에티켓을 지키지 않는 룸메이트를 만날 경우 불편함을 감수해야 한다.
호텔	- 깔끔한 시설과 친절한 서비스를 기대할 수 있다.	민박이나 호스텔보다 숙박비가 비싼 편이다.
현지인 아파트 레지던스	-호텔보다 방도 넓고 가격도 저렴해 4명 이상의 가족이나 그룹 단위 여행객, 장기여행자들에게 인기. -한식 등 취향에 맞는 여러 가지 음식을 직접 해먹을 수 있다.	-체크인/체크아웃 시간이나 숙박규정 등이 달라 숙소별 만족도가 많이 차이 난다.

한인 민박 비교사이트 www.theminda.com
에어비앤비 www.airbnb.co.kr

호텔 예약사이트

부킹닷컴 www.booking.com
아고다 www.agoda.com
호텔패스 www.hotelpass.com
호텔스닷컴 kr.hotels.com

호스텔 예약사이트

호스텔월드 www.korean.hostelworld.com
호스텔닷컴 www.hostels.com/ko

호텔 비교사이트

호텔스컴바인 www.hotelscombined.co.kr
트리바고 www.trivago.co.kr

프라하 주요 호텔&호스텔

5성급 (1박당 25만 원~)

-알키미스트 그랜드 호텔 & 스파 Alchymist Grand Hotel and Spa

프라하의 고급호텔 중 하나로 16세기 바로크 양식의 건물을 개조해 만들었으며, 내부는 고풍스러운 인테리어로 장식되어 있다. 프라하성과 카를교에서 각각 도보 10분 거리에 있다. 조용하고 친절하다.

-호텔 킹스 코트 프라하 Hotel Kings Court Prague

아르누보 양식의 아름다운 건물인 시민회관 바로 옆에 위치한 고급호텔로 138개의 객실을 갖추고 있으며 고풍스러운 외관과 내부 인테리어도 깔끔하다. 작은 실내 수영장과 핀란드식 사우나, 피트니스 시설 등을 갖추고 있으며 마사지 예약도 가능하다.

4성급(1박당 15만 원~)

-호텔 리버티 Hotel Liberty

메트로 A·B선 무스텍 (Můstek) 역에서 도보 2분 거리에 위치한 호텔로 관광과 이동이 편리하다. 간단한 요기 거리를 살 수 있는 슈퍼마켓 Tesco, Albert와도 가깝다.

-호텔 퀘스텐베르크 Questenberk Hotel

스트라호프 수도원 근처에 있는 호텔로 고풍스러운 인테리어로 장식되어 있다. 아름다운 프라하 시내 조망이 가능하며, 구시가 숙소보다 가격대가 저렴하고 조용하게 지낼 수 있다.

호스텔 (1박당 3만 원~)

-호스텔 프라하 틴 Hostel Prague Týn

구시가 광장 근처에 있는 호스텔로 프라하 관광의 중심에 있어 인기가 많다. 조식이 제공되며, 공용부엌과 개인 사물함을 갖추고 있다.

-호스텔 리틀 쿼터 Hostel Little Quarter

프라하성 근처 네루도바 거리에 위치한 호스텔로 가격도 저렴하고 깨끗한 편이라 인기가 많다. 구시가 숙소에 비해 조용하다.

-호스텔 아나나스 Hostel Ananas

메트로 A·B선 무스텍 (Můstek) 역에서 도보 1분 거리에 위치한 호스텔로 구시가와 프라하 중앙역에서 각각 도보 10분 거리에 있어 관광과 이동이 편리하다.

Czech? Food

체코에선 뭘 먹을까?

꼴레뇨
Koleno

스비치코바
Svícková

베프로베 제브로 (포크 립)
Vepřové žebro (Pork Rib)

굴라시
Guláš

슈니첼
Schnitzel

맥주
Pivo

뜨르들로(뜨르델닉)
Trdlo (Trdelník)

카를로비바리 와플
Karlovarské Oplatky

체코에서 즐기기 좋은 다양한 요리
체코의 대표 음식!

체코 전통요리에서부터 중부유럽 대표요리까지

중부 유럽에 위치한 체코의 대표요리에는 족발 요리인 꼴레뇨, 소고기 안심과 빵을 곁들여 먹는 스비치코바, 소고기 채소스튜인 굴라시 등 다양한 음식이 있다. 하지만, 딱 꼬집어서 체코 요리라고 말하기 애매할 정도로 오스트리아, 독일, 헝가리, 슬로바키아 등 인접 국가에서 즐겨 먹는 음식과 비슷한 메뉴가 많다. 그중에서도 특히 굴라시나 슈니첼 등은 오스트리아, 헝가리, 독일, 체코, 루마니아 등 중부유럽, 동유럽 어느 곳에서나 쉽게 만날 수 있는 대중적인 메뉴다. 체코는 특히 돼지고기, 소고기, 오리고기, 사슴고기 등 육류 스테이크 메뉴가 많이 발달하였으며 푸짐한 음식량에 비해 가격대도 저렴한 편이다. 꼭 집어 체코 요리라고만 할 수는 없지만 체코에서 대중적으로 즐길 수 있는 몇 가지 음식을 소개한다.

꼴레뇨 Koleno

체코식 족발 요리. 돼지의 무릎 부위를 삶은 후 오븐에 구운 요리로 우리 입맛에도 잘 맞는다. 만드는 방법과 식감은 다르지만, 한국의 족발이나 독일의 슈바인학세 Schweinshaxe와 비슷하다.

족발과 슈바인학세, 꼴레뇨 모두 맥주와 잘 어울린다는 공통점이 있지만 만드는 방법은 각각 다르다. 족발은 돼지 족을 삶아 부드럽고 탱글탱글한 식감이라면, 슈바인학세는 장작불에 구워 껍데기는 바삭하고 속은 부드럽다. 꼴레뇨는 삶은 뒤 구워 슈바인학세보다는 겉이 부드럽지만, 족발보다는 겉이 바삭하고 쫀쫀한 느낌이다.

스비치코바 Svíčková

스비치코바는 체코의 대표적인 전통요리 중 하나로 소고기 등심과 크림소스라는 뜻이다. 각종 채소와 과일로 맛을 낸 달콤한 소스와 소고기 안심, 크네들리키와 함께 먹는다. 스비치코바에 곁들여 나오는 빵은 크네들리키 Knedliky라고 하는데 밀가루를 반죽해서 발효시킨 후 삶은 빵으로 식감이 찐빵과 비슷하다.

굴라시 Guláš (Goulash)

헝가리의 대표적인 요리로 쇠고기, 양파, 감자, 파프리카 등을 넣어 만든 매콤한 야채수프이다. 한국의 육개장과 비슷한 느낌이지만, 육개장처럼 맵지는 않다. 굴라시는 체코, 헝가리, 독일, 폴란드 등에서 흔하게 먹는 서민 음식 중 하나로 빵, 맥주 등과 같이 먹는다. 비 오는 날이나 추운 겨울에 먹으면 더 맛있다.

뜨르들로(뜨르델닉) Trdlo(Trdelník)

체코를 대표하는 빵으로 우리나라에서는 일명 굴뚝 빵으로 불린다. 뜨르들로는 밀가루 반죽을 기다란 봉에 둘둘 감아 돌려가면서 화덕에 구운 빵으로, 속은 비어있고 빵의 표면에 굵은 설탕과 호두, 시나몬 등이 뿌려져 있다. 18세기 헝가리 사람들이 슬로바키아 지역으로 이주하면서 전해온 요리로 알려져 있으며, 21세기에 체코의 관광객들에게 인기를 얻으면서 체코의 대표 음식으로 자리 잡았다. 빵 안에 아이스크림이 들어간 메뉴는 프라하 카페에서 인기를 얻으면서 대중화되었다. 부르는 이름만 다를 뿐 헝가리, 오스트리아, 루마니아 등 주변국에서 비슷한 모양의 빵을 만날 수 있다.

재즈의 소울에 빠져들어 보자!
프라하의 재즈클럽 Jazz Club

프라하 재즈 선율에 빠져보자!

프라하는 클래식 못지않게 재즈클럽이 많기로 유명한 도시이다. 구시가 근처, 카를교 근처, 바츨라프 광장 근처 등 프라하 시내 곳곳에는 실력파 뮤지션들의 수준 높은 라이브 연주를 감상할 수 있는 여러 개의 재즈클럽이 자리하고 있다. 그중에서도 가장 유명한 곳은 1958년 프라하에 최초로 문을 연 레두타 재즈클럽 Reduta Jazz Club으로 바츨라프 하벨 대통령과 빌 클린턴 미국 대통령도 이곳을 다녀갔다.

재즈클럽은 보통 100~300CZK의 입장료가 있으며, 맥주나 칵테일 등 음료와 가벼운 스낵은 별도로 주문해야 한다. 낮에는 레스토랑으로 운영되다 밤에는 재즈클럽으로 변신하는 곳도 있고, 식사가 가능한 재즈클럽도 있다. 공연은 대략 저녁 9시경 시작되어 새벽까지 이어지며 요일마다 밴드가 달라진다. 홈페이지 예약도 가능하다.

레두타 재즈클럽 Reduta Jazz Club

레두타 재즈클럽 Reduta Jazz Club

구 글 맵 50.081996, 14.418554   P. 247 G
홈페이지 www.redutajazzclub.cz
운　　영 09:00~23:00
위　　치 메트로 A·B선 무스텍 (Můstek) 역에서 도보 6분. 카페 루브르 건물 지하

재즈독 Jazz Dock

구 글 맵 50.077388, 14.408501   P. 247 G
홈페이지 www.jazzdock.cz/cs
운　　영 15:00~04:00 (금·토·일 13:00~)
위　　치 트램 아르베소보 나메스티(Arbesovo náměstí)역에서 도보 6분

우 말레호 글레나 U Malého Glena Jazz Club

구 글 맵 50.086836, 14.403627   P. 247 G
홈페이지 malyglen.cz/en
운　　영 19:30~26:00 (낮에는 레스토랑으로 운영)
위　　치 트램 22번 말로스트란스케 나메스티(Malostranské náměstí)역에서 도보 2분

재즈 리퍼블릭 JAZZ REPUBLIC Live Music Club Prague

구 글 맵 50.084428, 14.418675   P. 247 G
홈페이지 www.jazzrepublic.cz/en
운　　영 20:00~24:00
위　　치 메트로 A·B선 무스텍 (Můstek) 역에서 도보 6분

재즈 앤 블루스 클럽 운겔트 Ungelt Jazz & Blues Club

구 글 맵 50.087901, 14.423453   P. 247 G
홈페이지 jazzungelt.cz
운　　영 20:00~24:00
위　　치 구시가 광장에서 도보 2분

아가르타 AghaRTA Jazz Centrum

구 글 맵 50.086377, 14.422027   P. 247 G
홈페이지 www.agharta.cz
운　　영 19:00~25:00(일~24:00)
위　　치 메트로 A·B선 무스텍 (Můstek) 역에서 도보 5분

?

Best Souvenir

내가 더 갖고 싶은 기념품

냉장고 자석 Magnet

소소한 기념품으로 딱!

프라하, 체스키크룸로프 등 체코를 테마로 한 다양한 모양의 자석들. 프라하 구시가 기념품점, 하벨 시장 등을 비롯해 체코 전역에서 살 수 있다.

마리오네트 Marionet

체코여행의 대표 기념품

팔다리만 움직이는 간단한 구조의 인형에서부터 정교한 움직임이 가능한 인형까지 있다. 프라하는 물론 체코 전역의 기념품점에서 만날 수 있다.

보헤미안 크리스털 Bohemian Crystal

세계 최고의 품질!

체코는 세계 최고의 품질을 자랑하는 보헤미아 크리스털로 유명하다. 액세서리, 컵 등 화려하고 아름다운 크리스털 제품을 만날 수 있다.

체코 여행에서
구할 수 있는 잇! 아이템

유기농 화장품

천연재료로 만든 다양한 화장품

체코에는 유기농 화장품이 많은데 그중에서도 수제비누, 맥주 립밤, 전지현 장미 오일 등이 선물로 인기가 있다. 구시가의 마누팍투라, 보타니쿠스 등에서 판매.

베헤로브카 Becherovka

카를로비바리 대표 특산물

베헤로브카는 20여 가지 약초와 온천수를 이용해 빚은 술로 소화촉진 및 감기 예방에 효능이 있다. 면세점이나 체코 주요 도시의 기념품점에서 살 수 있다.

라젠스키 포하레크 Lázeňský pohárek

카를로비바리 여행의 필수품

카를로비바리의 뜨거운 온천수를 안전하게 마실 수 있게 고안된 도자기컵으로 카를로비바리 기념품점에서 살 수 있다. 색상, 디자인이 다양하다.

중세 유럽의 도시!
영화와 드라마 속에 등장한 프라하!

Movie
in Praha

프라하의 아름다운 경치를 담은
영화와 드라마

미션 임파서블 (Mission: Impossible, 1996)
톰 크루즈 주연의 액션, 첩보영화 미션 임파서블 시리즈의 첫 번째 영화로 톰 크루즈의 액션과 강렬한 음악이 인상적이다. 프라하 국립박물관, 성 비타 대성당, 카를교, 캄파섬 일대가 영화 속에 등장한다. 영화 속에서 와이어 잠입 신 Scene이 가장 유명하다.

아마데우스 (Amadeus, 1984)
천재 음악가 볼프강 아마데우스 모차르트 (Wolfgang Amadeus Mozart)를 주인공으로 한 영화.
1787년 10월 모차르트의 오페라 〈돈 조바니〉가 초연한 곳으로 유명한 프라하의 유서 깊은 극장과 에스타테 극장과 발렌슈타인 궁전 이 야외 공연장 '살라 테레나 Sala terrena' 등이 영화에 등장한다.

007 카지노 로얄 (Casino Royale, 2006)
액션, 첩보영화 대표작 007시리즈의 21번째 영화로 제임스 본드의 초기 시절을 담고 있다.
국립박물관, 스트라호프 수도원과 도서관 등이 등장하며, 카를로비바리도 나온다.

뷰티인사이드 (The Beauty Inside, 2015)
2015년 개봉한 우리나라 영화로 자고 일어나면 매일 다른 모습으로 태어나는 남자 '우진'의 러브스토리를 그렸다. 여주인공은 한
효주가 맡았으며 남자, 여자, 아이, 노인, 외국인 할 것 없이 자고 나면 매일 다른 모습으로 태어나는 우진 역에는 100명이 넘는 인
물이 등장한다. 프라하 구시가 팔라디움 백화점과 프라하성, 카를교, 블타바강이 어우러진 풍경이 영화 곳곳에 등장한다.

프라하의 봄 (The Unbearable Lightness Of Being, 1988)
밀란 쿤데라 (Milan Kundera)의 원작 '참을 수 없는 존재의 가벼움 (원제 : The Unbearable Lightness of Being)'을 영화화한 작품으로 다니엘 데이 루이스, 쥘리에트 비노슈, 레나 올린이 주인공을 맡았다. 1968년 소련의 프라하 침공 전후를 배경으로 하였으며, 바츨라프 광장을 비롯한 프라하 곳곳이 등장한다. 정치적 격변 속에서 각자 다른 삶의 태도를 보이는 세 남녀의 사랑을 그렸다.

프라하의 연인 (2005)
2005년 SBS에서 방영된 드라마로 〈도깨비〉, 〈미스터선샤인〉을 집필한 김은숙 작가의 대표작 중 하나이다. 전도연과 김주혁이 주인공을 맡았으며 솔직 담백한 외교관과 용감무쌍 말단 형사의 특별한 사랑 이야기를 그렸다. 얀 후스의 동상, 카를교와 블타바강이 어우러진 풍경, 레트나 공원 등이 드라마 곳곳에 나온다.

History
of Czech

체코 역사 이야기 ...

5~10세기

체코의 역사는 5~7세기 무렵 현재의 체코·슬로바키아 지역에 슬라브족이 이주·정착하면서 시작된다. 830년경 모라비아 지방을 중심으로 대(大)모라비아 왕국이 형성되지만, 906년 헝가리 마자르족의 침략으로 대모라비아 왕국이 멸망하고, 현재의 슬로바키아 지역을 지배하기 시작한다. 슬로바키아 지역은 체코와 분리된 채 1000년 동안 헝가리의 지배 아래 놓이게 되고, 체코인들은 보헤미아 지역을 중심으로 활동하게 되면서 훗날 체코와 슬로바키아가 분리되는 계기가 된다.

10세기 ~1차 세계대전 이전

10세기 초 성 바츨라프 왕이 보헤미아 지역을 다스리면서 보헤미아 왕국으로 번영하였으며, 14세기에는 카를 4세가 신성로마제국의 황제가 되면서 제국의 중심이 된 프라하와 보헤미아는 크게 번성하였다. 그러나 종교개혁자 얀 후스가 1415년에 콘스탄츠에서 처형된 후, 보헤미아 전역은 교회개혁의 물결이 일고, 후스파 전쟁(1419~36)이 발발한다. 이후 16세기에 합스부르크 가의 지배하에 들어가고, 1918년까지 300여 년간 오스트리아-헝가리 제국의 지배를 받는다.

제1차 세계대전 이후~1968년 프라하의 봄

1918년 제1차 세계대전이 끝나고 베르사유조약에 따라 오스트리아-헝가리 제국이 붕괴하자, 체코슬로바키아는 같은 해 10월 28일 독립을 선포하고 공화국이 된다. 초대 대통령 토마쉬 마사리크의 지도아래 1930년대 대공황 전까지 성공적인 경제정책을 통해 동유럽에서 가장 부유한 국가로 번영하였으나, 1939년 제2차 세계대전 발발로 다시 독일의 통치를 받다가 연합군 측이었던 소련에 의해 해방된다. 1945년 5월 9일 소련군이 프라하에 입성하면서 체코슬로바키아 공산 정권이 수립된다. 이후 1968년 1월, 〈프라하의 봄〉이라 불리는 자유화 개혁 운동이 일어났으나, 소련군 20만 명이 프라하를 침공하고, 프라하의 정치인과 지식인 50만 명이 희생되면서 개혁 운동이 좌절된다.

1988년 이후~ 현재

1988년 고르바초프에 의한 구소련의 개혁 바람이 동유럽에 불어 닥치자, 1989년 체코슬로바키아에서도 바츨라프 하벨 Vaclav Havel의 주도 아래 자유 선거와 공산 지도자의 퇴진을 요구하는 〈벨벳혁명〉이라는 이름의 무혈 시민혁명이 일어나고, 1989년 12월 최초의 자유주의 선거로 바츨라프 하벨이 대통령에 당선된다. 1990년 체코인과 슬로바키아인의 민족적·언어적·문화적 이질감과 경제적 차이를 해소하기 위하여 슬로바키아공화국과 연방제를 구성하였다가, 1993년 1월 1일 체코슬로바키아연방 해체로 체코와 슬로바키아가 분리·독립하여 오늘날의 체코공화국이 되었다.

체코의 역사적 인물

성 바츨라프 Svatý Václav (907~935)

바츨라프 왕은 10세기 초 보헤미아 지역을 다스렸던 왕으로 보헤미아의 군주로서 왕국을 안정적으로 발전시키고, 프라하를 대표하는 성 비타 대성당을 건립하는 등 기독교 전파에 힘썼다. 사후, 성인으로 추앙되었으며 그의 기일인 9월 28일은 성 바츨라프의 날이라는 이름의 공휴일로 지정되어 있다. 바츨라프 광장이 시작하는 곳에는 체코인들이 수호성인으로 여기는 성(聖) 바츨라프의 기마상이 있다.

카를 4세 Karel IV (1316~1378)

보헤미아 왕이자 신성로마제국의 황제로 보헤미아 왕국의 최고 전성기를 이끈 카를 4세는 체코의 가장 위대한 왕으로 여겨진다. 수도 프라하를 신성로마제국의 수도로 삼고 유럽 최대의 도시로 발전시켰다. 카를교와 바츨라프 광장을 건설하고, 중부유럽 최초로 프라하에 대학을 설립하였다.

얀 네포무츠키 Jan Nepomucký (1345~1393)

카를교에 서 있는 30개의 석상 가운데 가장 많은 사랑을 받고 있는 체코의 수호성인으로 고해성사의 비밀을 지키기 위해 목숨을 바친 최초의 순교자다. 보헤미아의 국왕 바츨라프 4세 부인의 고해신부였던 얀 네포무츠키는 왕비가 고해한 내용을 말하라는 왕의 명령을 거부한 이유로 체포되어 혀가 잘리고 고문을 받다가 순교했다.

얀 후스 Jan Hus (1372~1415)

체코의 신학자이자 종교개혁자로 독일의 마틴 루터보다 100여 년 앞서 종교개혁에 앞장 섰다. 체코 민족운동의 지도자로서 라틴어가 아닌 모국어로 성서를 번역하고 모국어로 설교하였다. 교황과 고위성직자들의 세속화를 강력히 비판한 죄로 1415년 콘스탄틴 종교재판의 결정으로 화형에 처해졌다.

성 바츨라프

카를 4세

얀 네포무츠키

얀 후스

드보르자크 Antonín Dvořák (1841~1904)

스메타나가 이룩한 체코 민족주의 음악을 전 세계에 널리 알린 인물. 〈슬라브 무곡〉으로 유럽에서 주목 받기 시작했으며, 이후 교향곡과 실내악으로 명성을 얻었다. 1892년 뉴욕 국립음악원 원장직을 수락하며 미국에 온 뒤 인디언과 흑인 음악에서 신선한 자극을 받아 〈신세계 교향곡(1893)〉을 작곡했다. 스메타나와 함께 비쉐흐라드 묘지에 잠들어 있다.

스메타나 Bedřich Smetana (1824~1884)

체코 음악의 아버지. 합스부르크의 지배를 받고 있던 당시, 반오스트리아 운동에 힘썼으며 체코 민족부흥 운동에 참여했다. 스메타나의 기일인 5월 12일에는 체코의 대표 음악축제 '프라하의 봄'이 개최되고, 스메타나의 〈나의 조국〉 연주를 시작으로 축제의 막이 오른다.

프란츠 카프카 Franz Kafka (1883~1924)

실존주의 문학의 선구자로 독일인이지만 프라하에서 태어나고 자랐다. 인간 운명의 부조리, 인간 존재의 불안을 통찰하였으며 현대 인간의 실존적 체험을 극한에 이르기까지 표현하여 실존주의 문학의 선구자로 높이 평가받는다. 주요저서로는 『변신』, 『성』, 『심판』 등이 있다. 황금소로 22번지 집은 프란츠 카프카의 작업실로 쓰였던 곳이다.

밀란 쿤데라 Milan Kundera (1929~)

체코슬로바키아 브르노에서 음악가의 아들로 태어난 체코의 시인이자 소설가로 장편소설 『참을 수 없는 존재의 가벼움』으로 유명하다. 체코슬로바키아 공산당에 의해 많은 영향을 받았으며, 공산주의의 이상에 끌려 당원이 되었다가 반동적인 작가로 출당되었다가 재입당을 반복했다. 1968년 바츨라프 하벨 Václav Havel 과 함께 〈프라하의 봄〉 개혁 운동에 참여하였다. 프라하의 봄 이후 교수직을 박탈당하고 작품도 몰수되었으며 1975년 프랑스로 망명해 살고 있다.

드보르자크

스메타나

프란츠 카프카

밀란 쿤데라 작

Praha

동화 속 전경이 펼쳐지는
아름다운 도시, 프라하

울퉁불퉁 돌바닥이 반겨 주는 정겨운 중세도시,

화려하고 고풍스러운 건축물로 가득한 구시가,

동화 속 왕자와 공주가 머물 것 같은 프라하성,

눈을 뗄 수 없을 정도로 아름답고 성스러운 교회와 성당들,

블타바강과 프라하성을 한눈에 조망할 수 있는 카를교탑,

아르누보 양식의 대가 알폰스 무하의 숨결이 느껴지는 곳,

슬픈 역사를 간직한 유대인 지구, 요제포프,

보기만 해도 배부른 푸짐한 음식과 황금빛 체코 맥주,

이 모든 것을 즐길 수 있는 도시가 바로 프라하다.

PRAHA

아름다운 중세로의 여행!

오래 전 모습을 그대로 간직한 프라하,
동유럽의 정취가 남아있는 그곳에서 중세 프라하로의 시간여행을 떠나보자!

구시가 광장

프라하성 · 카를교

체코! 프라하!! 맥주를 빼고 논하지 마라!!!

전세계에서 1인당 맥주 소비량이 가장 많은 나라 체코! 필스너 우르켈이 탄생한 양조장,
부드러운 코젤과 벨벳 맥주, 쌉싸름한 부드바르도 놓칠 수 없다.

필스너 우르켈 양조장

필스너 우르켈 · 부데요비츠키 부드바르 · 코젤 다크 · 벨벳

나에겐 먹방도 힐링이다! 딜리셔스 프라하!

맥주와 환상적인 궁합을 자랑하는 푸짐한 바비큐 립과 꼴레뇨,
둥글게 말린 달콤한 굴뚝빵으로 허기진 배와 마음을 채워보자!

맥주랑 찰떡 궁합 '바비큐립'

체코 전통 음식 '꼴레뇨'·달콤한 간식거리 '뜨르들로'

프라하만으론 부족해! YOU WANT MORE?

프라하의 볼거리만 보기 아쉽다면! 동화 속 전경이 펼쳐지는 체스키크룸로프와
마시는 온천 휴양지 카를로비바리, 체코 건국신화 속 주인공 비쉐흐라드로 떠나보자.

체스키크룸로프

카를로비바리 · 비쉐흐라드

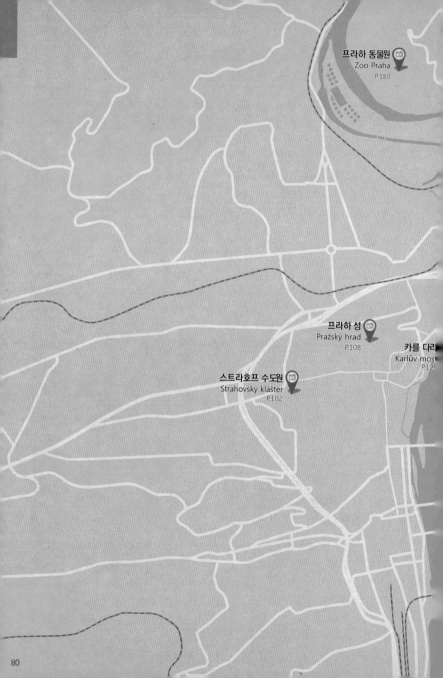

프라하 동물원 🖾
Zoo Praha
P.180

프라하 성 🖾
Pražský hrad
P.108

카를 다리
Karlův most
P.12

스트라호프 수도원 🖾
Strahovský klášter
P.102

PRAHA

프라하 한눈에 보기

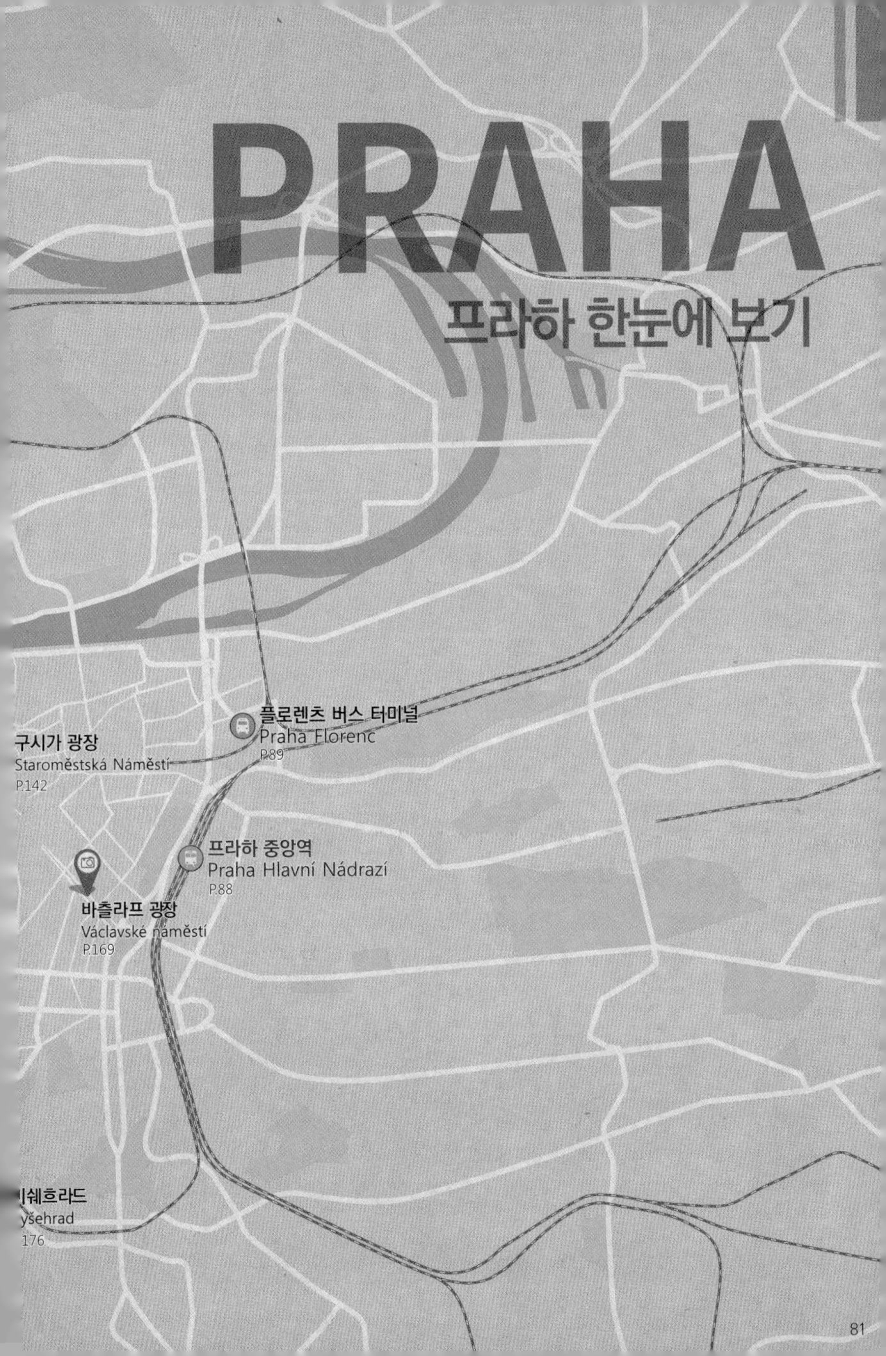

플로렌츠 버스 터미널
Praha Florenc
P.89

구시가 광장
Staroměstská Náměstí
P.142

프라하 중앙역
Praha Hlavní Nádraží
P.88

바츨라프 광장
Václavské náměstí
P.169

비쉐흐라드
Vyšehrad
176

Praha
프라하 여행의 기술

프라하 여행하기

프라하성, 카를교탑, 구시가 천문시계, 틴 성모 대성당, 무하 박물관 등 도시 곳곳에 다양한 볼거리가 자리하고 있어 최소 2일 이상은 머물러야 제대로 둘러볼 수 있다.

일정이 여유롭다면 프라하 근교에 있는 색다른 매력의 근교 여행지에도 가보자. 프라하에서 버스나 기차로 1~3시간 거리에는 황금빛 라거 맥주 필스너 우르켈이 태어난 맥주의 도시 플젠, 왕과 귀족들도 사랑한 마시는 온천 휴양지 카를로비바리, 아름다운 중세의 풍경을 간직한 유네스코 세계문화유산의 도시 체스키크룸로프 등이 있다.

체코 관광청 www.czechtourism.com
프라하 관광 안내 www.praguecitytourism.cz/en
프라하 여행 정보 www.prague.eu/ko

프라하 관광안내센터 Turistické informační centrum

프라하 여행 정보는 물론 팸플릿, 지도 제공, 프라하와 근교 도시 여행안내, 유람선, 대중교통 티켓 등을 판매하며, 환전 서비스도 제공한다. 신용카드도 사용할 수 있다.

바츨라프 하벨 공항 Letiště Václava Havla		구시청사 Staroměstská radnice	
운 영	08:00~22:00	운 영	09:00~19:00
위 치	터미널 1·2입국장에 위치	위 치	구시청사 안

바츨라프 하벨 공항 관광안내센터

구시청사 관광안내센터(©www.prague.eu)

바츨라프 광장 Václavské náměstí	무스텍 Na Můstku
운 영 10:00~18:00	운 영 09:00~19:00
위 치 바츨라프 광장 위쪽 Štěpánská 거리의 코너	위 치 메트로 A·B선 무스텍 (Můstek)역 도보 2분

바츨라프 광장 관광안내센터   무스텍 관광안내센터(©www.prague.eu)

프라하로 가는 길

우리나라에서 프라하로

우리나라와 프라하를 연결하는 항공편은 매우 다양하다. 대한항공, 체코항공 등에서 직항편을 운항하고 있으며, 아시아나 항공, 터키항공, 영국항공, 루프트한자, 에미레이트항공, KLM 네덜란드항공, 카타르항공 등에서 유럽 및 아시아 주요 도시를 경유하는 항공편을 운항하고 있다.

비행시간 직항 항공편으로 약 12시간 소요

프라하 바츨라프 하벨 공항에서 프라하 시내로

프라하 바츨라프 하벨 공항 (체코어로 Letiště Václava Havla Praha, 영어로는 Václav Havel Airport Prague) 은 프라하에서 북서쪽으로 20km 정도 떨어진 루지네 Ruzyně 지역에 위치하고 있다. 공항은 총 3개의 터미널로 구성되어 있으며, 제1터미널은 대한항공과 체코항공을 비롯해 유럽 내 솅겐 조약 미가입국의 항공사가 도착하며, 제2터미널에는 독일, 오스트리아 등 유럽 내 솅겐 조약 가입국의 항공사가 도착한다.

프라하 공항 www.prg.aero
공항-시내 간 이동안내 www.dpp.cz/en/public-transit-to-prague-airport

공항 익스프레스 AE- Airport Express
공항에서 프라하 중앙역 (Praha hl.n.) 까지 연결되는 버스. 버스는 제1·2터미널의 도착홀 밖에서 이용할 수 있으며, 티켓은 도착홀 내 관광안내소 Visitor Centre, 버스 정류장 앞 자동발매기, 체코철도청 dpp홈페이지, 운전사에게서 구매할 수 있다.

※프라하 시내에서 공항으로 오는 공항 익스프레스 버스는 프라하 중앙역에서 탑승하며 약 33분 정도 소요된다.
(중앙역→공항 05:30~22:00)

홈페이지 티켓 예약 www.dpp.cz/en/bus-ae-airport-express
운 영 공항→중앙역 05:30~21:00(15~30분 간격운행)
요 금 60CZK (운전사 구매 시에도 동일)
소요시간 공항→중앙역 약 45분

프라하 바츨라프 하벨 공항 / 공항 익스프레스 정류장 표지판
프라하 중앙역 공항 익스프레스 정류장 / 프라하 중앙역 공항 익스프레스 정류장 표지판

에어포트 셔틀버스 Airport Shuttle Bus

공항과 프라하 중심가인 메트로 B선 나로드니 트리다 (Národní třída) 역 근처 거리까지 연결하는 미니버스. 미니버스 이외에도 프라하 시내 호텔로의 이동은 물론 원하는 목적지까지 운행하는 개별차량도 예약할 수 있다. 차량 이용을 원할 경우 홈페이지에서 예약하면 되고, 요금은 예약과 동시에 신용카드로 결제하거나 탑승하는 날 운전사에게 현금으로 내도 된다.

홈페이지 티켓 예약 www.prague-airport-shuttle.cz/ko
요 금 140CZK
소요시간 약 30분

일반 노선버스

프라하 공항에서 일반 노선버스를 타고 메트로와 연결되는 역까지 이동한 뒤 메트로로 환승해 원하는 목적지까지 이동하는 방법. 노선버스는 제1·2터미널의 도착홀에서 출발하며, 티켓은 도착홀 내 교통안내소 Public Transport Information 또는 버스 정류장에 설치된 티켓 자동발매기에서 구매할 수 있다. 티켓은 유효시간 동안 버스와 메트로 공통으로 사용 가능하며 환승도 가능하다. 단, 티켓 자동발매기는 동전이 필요하니 동전이 없다면 교통안내소에서 티켓을 사도록 하자.

–119번 버스

프라하 시내로 가는 가장 빠른 방법. 메트로 A선 나드라지 벨레슬라빈(Nádraží Veleslavín)역과 연결되는 버스. 카를교 주변으로 가려면 A선 말로스트란스카(Malostranská)역에서 하차하면 된다.

요 금 1회권(90분 유효) 32CZK, 24시간권 110CZK
소요시간 나드라지 벨레슬라빈역까지 약 17분

–100번 버스

메트로 B선 즐리친(Zličín) 역과 연결되는 버스.

요 금 1회권(90분 유효) 32CZK, 24시간권 110CZK
소요시간 즐리친역까지 약 18분

–191번 버스

메트로 A선 페트르지니(Petřiny) 또는 메트로 B선 안델(Anděl) 역과 연결되는 버스.

요 금 1회권(90분 유효) 32CZK, 24시간권 110CZK
소요시간 페르트지니역까지 약 24분, 안델역까지 약 50분

–심야 버스 910

24:00~04:00까지만 운영되는 심야버스로 메트로 C선 I.P.파블로바 (I.P.Pavlova)와 연결된다.

요 금 1회권(75분 유효) 32CZK, 24시간권 110CZK
소요시간 I.P.파블로바역까지 약 45분

택시 TAXI

프라하 공항의 파트너 택시회사에는 픽스 택시 FIX TAXI 와 택시 프라하 Taxi Praha가 있다. 택시는 제1·2더미널의 도착홀 밖에서 이용할 수 있으며, 요금은 미터기로 부과된다.

홈페이지 픽스 택시 fix-taxi.com
택시 프라하 www.taxi14007.cz
요 금 프라하 시내까지 약 600CZK

※대중교통 이용 시 알아두면 편리한 체코어/영어 단어
프라하 공항은 한글 표기가 되어있어 매우 편리하지만, 그 외 기차역이나 버스터미널 등에서 대중교통 이용 시 알아두면 유용한 몇 가지 단어를 소개한다.

한글	체코어	영어
기차역	Nádraží	Railway Station
출구	Východ	Exit
티켓	Lístek	Ticket
요금	Jízdné / Tarif	Fare / Price
도착	Příjezdy	Arrivals
출발	Odlety / Odjezdy	Departures

프라하 시내 교통

프라하 시내 교통 이용하기!

프라하의 대중교통수단에는 메트로, 트램, 버스 등이 있다. 교통수단과 관계없이 모두 공통된 승차권을 사용하며 각인한 시간부터 유효시간 동안 자유롭게 환승 및 승하차를 할 수 있다. 승차권은 메트로 매표소, 자동발매기, 담뱃가게 타박 Tabak, 신문가판대 등에서 구매할 수 있으며, 프라하 대부분의 관광지는 기본요금에 속한다.

※프라하에서는 종종 승차권 검문을 하니 무임승차는 금물! 또한 대중교통 이용 시 반드시 노란색 개찰기에 각인하도록 하자. 승차권 검문 시, 유효시간이 지난 티켓을 소지하거나 티켓을 각인하지 않았을 경우 무임승차로 간주하여 벌금이 부과되니 주의하자.

티켓 개찰기

프라하 교통국 pid.cz/en

승차권 종류	만 15세 이상	만6~15세, 만60~70세	비고	
30분권(30 min.)	24 CZK	12 CZK	-페트린 푸니쿨라(Petřín Funicular), 페리 탑승 가능	
90분권(90 min.)	32 CZK	16 CZK		
24시간권(24 hod.)	110 CZK	55 CZK	-짐 1개당 16CZK 부과 (단, 24·72시간권 소지 시 무료)	
72시간권(24 hod.)	310 CZK	–		승차권

메트로 Metro

프라하에는 A(초록색), B(노란색), C(빨간색) 3개의 지하철 노선이 있다. 프라하성을 제외한 대부분의 관광지를 연결한다.

※메트로 내 에스컬레이터의 속도가 우리나라보다 훨씬 빠르니 손잡이를 꼭 잡는 것이 좋다.

운　영　04:50~24:00 (2~10분 간격)

트램 Tramvaje

메트로와 더불어 프라하 여행의 유용한 교통수단. 총 27개의 노선이 프라하 구석구석을 연결한다. 여행자들이 가장 많이 이용하는 노선은 22번이며, 특히 구시가에서 오르막길에 있는 프라하성으로 이동할 때 이용하면 편리하다.

※트램 승차 시에도 반드시 티켓에 각인하도록 하자.

운　영　04:50~24:00 (2~10분 간격)

지하철 매표소와 자동발매기　　　　　　지하철 개찰구(입구에 설치된 개찰기에서 각인하도록 하자.)

※승차권 자동발매기 이용방법

메트로 역에 설치된 승차권 자동발매기에는 체코어로 Jízdenky, 영어로는 Tickets라고 적혀있다. 승차권 자동발매기는 동전만 투입 가능하니 동전이 없다면 매표소, 담뱃가게, 신문가판대 등에서 구매해야 한다. 기계별로 생김새는 약간씩 다르지만 사용방법은 거의 비슷하다.

① 화면에서 영어 ENGLISH를 선택.

② 30분권(24CZK), 90분권(32CZK), 24시간권(110CZK) 등 승차권의 종류를 선택한다.

③ 어린이, 만60세 이상 등을 위한 할인 승차권이나 짐 승차권 등을 사려면 DISCOUNTED 버튼을 누른다.

④ 구매할 승차권의 매수만큼 반복해서 버튼을 누른다.

⑤ 승차권의 종류, 금액 등을 확인한 후 맞으면 VALIDATE를 선택.

⑥ 동전을 넣고 승차권과 거스름돈을 챙긴다.

프라하 근교 이동

중앙역 Praha Hlavní Nádraží (Praha hl.n.)

프라하 중앙역은 체스키크룸로프, 카를로비바리, 플젠, 브르노 등을 연결하는 국내선 기차는 물론 오스트리아 빈, 독일 베를린 등 근교 도시를 연결하는 국제선 기차가 운행된다. 프라하 중앙역 내에는 수하물 보관소, 환전소, ATM, 슈퍼마켓, 버스 예약 사무소, 패스트푸드점, 편의점 등이 있으며, 메트로 C선 프라하 중앙역과도 연결된다. 체코 국내선 기차는 가끔 운행이 취소되기도 하니, 열차 시각이 지나도 운행되지 않는다면 역무원에게 물어보자.

※프라하 북쪽에는 홀레쇼비체 Praha-Holešovice 라는 이름의 역이 있으니 기차 이용 시 탑승 및 하차 역의 이름을 잘 확인하는 것이 좋다.

홈페이지 체코 철도청 www.cd.cz
위　　치 메트로 C선 흘라브니 나드라지(Hlavní nádraží)역 하차

프라하 중앙역

열차 승강장

환전소

가방보관소

슈퍼마켓

편의점

약국

메트로 C선 입구

플로렌츠 버스 터미널 Autobusové nádraží Praha Florenc

플로렌츠 버스 터미널은 프라하에서 가장 큰 버스 터미널로 체코 국내 도시로의 이동은 물론 베를린, 뮌헨, 빈 등 인접국의 주요 도시를 오가는 국제선 버스가 운행된다. 플젠, 카를로비바리, 체스키크룸로프 등 국내 도시를 오가는 노선은 버스 운행회사에 따라 플로렌츠 버스 터미널 이외에 시내의 다른 터미널을 이용하는 경우가 많으니, 티켓 네배 시 버스가 출발하는 터미널의 이름을 잘 체크해 두는 것이 좋다. 플로렌츠 터미널 내에는 버스 안내소, 수하물 보관소, 패스트푸드점, 매표소 등의 시설이 들어서 있다.

홈페이지 www.florenc.cz
위　　치 메트로 C선 플로렌츠(Florenc)역 하차

플로렌츠 버스 터미널 Praha Florenc

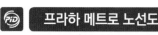

프라하 메트로 노선도

Regular situation valid from 1. 9. 2018

Vltava →

Nádraží Veleslavín

Dejvická

Hradčanská

Nádraží H

Bořislavka

Staroměstská

Petřiny

Malostranská

Ná Rep

A

Nemocnice Motol

Můstek

Národní třída

Muzeu

Karlovo náměstí

I. P. Pavlova

P+R

B

Anděl

Vyšehrad

Zličín

Stodůlky

Smíchovské nádraží

Hůrka **P+R** Jinonice

Pražského povs

Luka

Lužiny

Nové Butovice

Radlická

Key to symbols:

S Transfer to trains

Transfer station

→ Public bus to the Airport

Station under construction

P+R Park and Ride

i Public transport infocentre

A Terminus

Barrier-free access to stations:

Full – from ground level to the platform

Partial – escalators only (in both directions)

Partial – escalators only (across the shopping centre)

Frequencies of metro routes (5-24 h)

Route	Working days						Saturdays					Sundays and public holidays					Data is valid fo
	05–07	07–10	10–14	14–19	19–22	22–24	05–07	07–09	09–20	20–22	22–24	05–10	10–14	14–20	20–22	22–24	
A	10–5	2–4	5	3–4	5–7,5	10	10	7,5	7,5	7,5	10	10	7,5	7,5	7,5	10	Nemocnice Moto
	10–5	4–8	10	6–8	5–7,5	10	10	7,5	7,5	7,5	10	10	7,5	7,5	7,5	10	Skalka – Depo H
B	10–5	2–4	5	2–4	5–7,5	10	10	7,5	6	7,5	10	10	7,5	6	7,5	10	Zličín – Černý M
C	10–5	2–3	3–4	2–3	5–7,5	10	10	7,5	5	7,5	10	10	7,5	5	7,5	10	Háje – Letňany

Kobylisy
Ládví
Střížkov
Prosek
Letňany
C
P+R
P+R

…lešovice
Vltavská
…ěstí …bliky
Florenc
Křižíkova
Invalidovna
Palmovka
Českomoravská
Vysočanská
Kolbenova
Hloubětín
Rajská zahrada
Černý Most
B
P+R
P+R
S

Hlavní nádraží
S ✈ i

Jiřího z Poděbrad
Náměstí Míru
Flora
Želivského
Strašnická
Skalka
Depo Hostivař
A
A
P+R
P+R

Pankrác
Budějovická
Kačerov
Roztyly
Chodov
Opatov
Háje
C
P+R
P+R
S

Graphics: Pavel Macků

i 234 704 560
www.pid.cz

PiD PRAŽSKÁ INTEGROVANÁ DOPRAVA

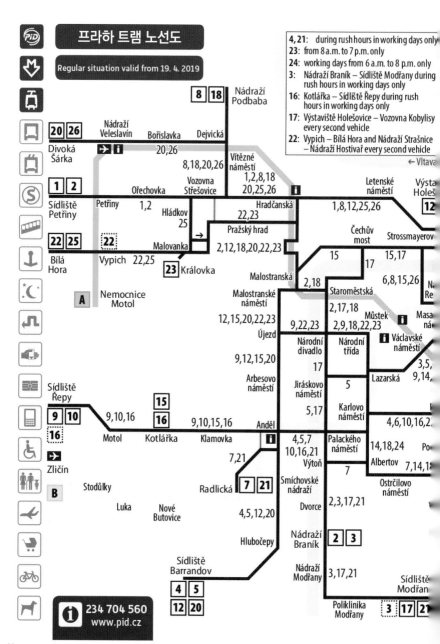

프라하 트램 노선도

Regular situation valid from 19. 4. 2019

4, 21: during rush hours in working days only
23: from 8 a.m. to 7 p.m. only
24: working days from 6 a.m. to 8 p.m. only
3: Nádraží Braník – Sídliště Modřany during rush hours in working days only
16: Kotlářka – Sídliště Řepy during rush hours in working days only
17: Výstaviště Holešovice – Vozovna Kobylisy every second vehicle
22: Vypich – Bílá Hora and Nádraží Strašnice – Nádraží Hostivař every second vehicle

234 704 560
www.pid.cz

92

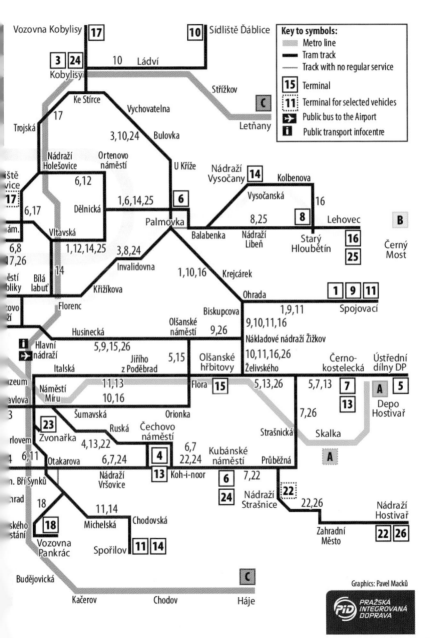

프라하를 색다르게 즐기는 다양한 투어,
프라하 이색투어!!!

프라하를 색다르게 즐기자!

1. 스카이다이빙 Sky Diving

체코는 유럽 국가 중에서 비교적 저렴한 비용으로 스카이다이빙을 즐길 수 있는 국가로 잘 알려져 있다. 그중 스카이 위시 Skywish 는 한국어 홈페이지와 앱을 운영하고 있어 우리나라 여행객들도 많이 이용한다. 또한 역사적인 순간을 담을 수 있는 사진과 비디오 촬영 서비스도 선택할 수 있다. 100% 선착순 예약정원제로 운영되며, 예약한 날짜가 되면 프라하 시내의 미팅 포인트에 모여 비행장으로 이동한다.

홈 페 이 지 스카이위시 www.skydivings.co.kr
투 어 요 금 3900~6300CZK(옵션별로 다름)

2. 비어 바이크 투어 Beer Bike Prague Tours

최대 15명이 탑승 가능한 자전거를 타고 구시가 광장, 바츨라프 광장 등 프라하 도심을 돌며 무제한 필스너 우르켈 Pilsner Urquell과 신나는 음악을 즐길 수 있는 투어로 약 90분간 진행된다. 단, 개인 예약은 불가하며, 최소 6명 이상 그룹으로만 예약할 수 있다.

홈 페 이 지 www.praguebeerbike.com , beerbikeprague.cz
투어요금 €350 (최대 6~13명 탑승 가능)

3. 세그웨이 투어 Segway

전동으로 움직이는 이륜 이동수단인 세그웨이를 타고 관광지를 둘러보는 투어로 총 3개의 노선이 있다. 세그웨이를 처음 접하는 사람들이 대부분이기 때문에 투어 출발 전 타는 방법과 주의사항에 대한 설명을 듣고 출발한다. 세그웨이 투어 이외에 스쿠터, e바이크 투어도 있다.

홈 페 이 지 www.segwayfun.eu
투어요금 1000CZK~ (투어별로 다름)

©www.segwayfun.eu

4. 보트 & 유람선 Boat & Cruise

블타바강 위에는 19세기 풍의 운치를 지닌 목선에서부터 블타바강에서 가장 규모가 큰 선박회사의 크루즈, 페달을 밟고 운행하는 페달 보트까지 다양한 운송수단이 있다. 운행회사별로 다양한 보트&유람선 투어를 예약할 수 있으니 원하는 조건으로 예약해보자. 승선요금은 선박회사, 탑승 시간대, 소요시간, 식사 포함 여부 등에 따라 다르다.

홈 페 이 지 유람선 예약 martintour.cz, www.prague-boats.cz/kr
페달보트 예약 www.slovanka.net

투 어 요 금 투어별로 다름(여권 지참)

5. 열기구 체험 Balloon Adventures

지상 3000피트 높이의 열기구에서 일출 또는 일몰 등 체코의 다양한 경치를 내려다보는 체험으로 프라하에서 40~60km 떨어진 곳에서 진행된다. 열기구 체험은 약 60분간 진행되며, 날씨에 따라 운행시간이 변경될 수 있다. 결혼 프러포즈 이벤트를 위한 2명부터 그룹투어까지 예약할 수 있다.

홈 페 이 지 www.balloonadventures.cz
요   금 2명 15900CZK~

©www.balloonadventures.cz

프라하의 주요명소를 둘러볼 수 있는 투어 버스로 여러 개의 운영회사가 있다. 노선, 가격대, 옵션, 포함코스 등이 투어 회사별로 다르니 꼼꼼히 따져본 후 원하는 조건으로 예약하도록 하자.

1) 홉온홉오프 Sightseeing Prague Hop On Hop Off

프라하의 주요명소를 둘러보는 빨간색 오픈 투어버스로 원하는 목적지에서 자유롭게 내렸다 탈 수 있다. 레드, 블루, 퍼플라인 등 3개 노선으로 운영되며, 7개 언어의 오디오 가이드가 제공된다. 홈페이지 예약 시 10% 더 저렴하다.

홈페이지 www.sightseeingprague.com
요   금   24시간권 550CZK, 48시간권 700CZK (만 3~15세 어린이는 50%)

2) 프라하 관광투어 Prague Sightseeing Tours

전문가이드와 미니 오픈 버스 차량이 포함된 가이드 투어로 프라하의 주요 명소를 둘러본다. 한국어 오디오 가이드가 제공되는 투어는 프라하 신구시가와 프라하성, 유대인 지구 등을 둘러보는 T2 Informative Prague (2시간 소요)이다. 홈페이지 예약 시 10% 더 저렴하다.

홈페이지 www.pstours.cz (한국어 안내 있음)
요   금   T2 투어 450CZK(학생 400CZK)

3) 마틴 투어 Martin Tour

전문가이드와 미니 오픈 버스 차량이 포함된 가이드 투어로 26개 언어 오디오 가이드가 제공되는 프라하 투어를 비롯하여 블타바강 유람선 투어 등이 있다. 한국어 오디오 가이드가 제공되는 투어상품은 Prague Short City Tour (1시간 소요)와 Prague - Historical City Tour (2시간 소요) 가 있다. 홈페이지 예약 시 10% 더 저렴하다.

홈페이지 martintour.cz (한국어 안내 있음)
요   금   프라하 시내 투어 300CZK(학생 250CZK), 프라하 역사투어 400CZK(학생 300CZK)

아름다운 프라하 전경을 볼 수 있는 곳,

천년 역사를 품은 체코의 상징 프라하성은 물론 고딕 양식의 아름다운 성 비타 대성당, 언덕 아래로 펼쳐진 프라하의 전경과 아름다운 프레스코 천장화를 볼 수 있는 스트라호프 수도원 등 유서 깊은 건축물이 곳곳에 있다. 또한 카를교 옆으로 자리한 아름다운 캄파 섬과 카프카 박물관 등의 볼거리가 있다.

프라하성
·
카를교 주변

프라하 중심부 지도
PRAHA City Map

P.108
프라하 성
Pražský hrad

Malostranska
말로스트란스카
Malostranská

발트슈테이나 궁전 & 정원
Valdštejnský palác & Zahrada   P.120

로레타 성당
Loretánské   P.106

P.54
호텔 퀘스텐베르크
Questenberk Hotel

P.118
네루도바 거리
Nerudova

P.54
호스텔 리틀 쿼터
Hostel Little Quarter

성 미쿨라셰 성당
Kostel sv. Mikuláše   P.122

말로스트란스케 나메스티
(Malostranské náměstí)

P.126
카프카 박물관
Franz Kafka Museum

P.189 우 글라우비추
Restaurant U Glaubiců

알키미스트 그랜드 호텔 & 스파
Alchymist Grand Hotel and Spa   P.54

우 말레호 글레나
U Malého Glena   P.61

프라하에서 가장
좁은 골목   P.182

P.125
존 레넌 벽
Lennonova zeď

카를 다리
Karlův most   P.129

P.102
스트라호프 수도원
Strahovský klášter

추크르카바리모나다
Cukrkávalimonáda   P.196

캄파 섬
Kampa   P.124

헬리호바
(Hellichova)

P.173
푸니쿨라
Újezd

페트린 공원 & 전망대
Petřínské sady & rozhledna   P.172

Nebozízek

우예즈드
Újezd

22번 트램 노선

Most Legií

레스토랑 네보지제크
Restaurant Nebozízek   P.192

200m

재즈독
Jazz Dock

P.175
레트나 공원
Letenské sady

P.154
유대인 지구 (요제포프)
Josefov

· 신구 유대교회

P.141
루돌피눔 (예술의 집)
Rodolfinum

· 스페인 유대교회
· 클라우스 유대교회
· 구 유대인 공동묘지
· 핀카스 유대교회
· 마이젤 유대교회

프라하 구시가 p139

· 프라하 유대인 박물관

호텔 킹스 코트 프라하
Hotel Kings Court Prague

Staroměstská

성 미쿨라세 성당

시민회관
Obecní Dům

Nǎměstí Republiky

구시가 광장
Staroměstská Náměstí

골츠킨스키 궁전

· 틴 앞의 성당

구시청사 탑&천문시계

포트레페나 후사
Potrefená Husa Hybernská
P.190

클레멘티눔
Klementinum

검은 성모의 집
Dům U Černé Matky Boží

화약탑
Prašná brána

스메타나 박물관
Muzeum Bedřicha Smetany

에스타테 극장
Stavovské divadlo

하벨 시장
Havelské tržiště

무하 박물관
Muchovo muzeum

Můstek

Hlavní Nádraží

바츨라프 광장
Václavské náměstí

프라하 중앙역
Praha Hlavní Nádraží
P.88

나로드니 트리다
(Národní trida)

Nǎrodn' tr'da

국립극장
Národní divadlo

Muzeum

국립박물관
Národní Muzeum
P.168

우 플레쿠
Restaurace U Fleků
P.187

카를로브 나메스티
(Karlovo náměstí)

P.174
댄싱 하우스
Tančící dům

Karlovo nǎměst'

101

스트라호프 수도원
Strahovský klášter

아름다운 프라하의 전경을 감상하기에 좋은 곳. 페트린 언덕 위에 있는 수도원으로 1140년 블라디슬라프 2세가 건립하였다. 전쟁과 화재로 파괴되었으나 17세기에 바로크 양식으로 재건되어 지금의 모습을 갖추었다. 옛 모습을 그대로 간직하고 있어 영화 〈아마데우스〉가 이곳에서 촬영되기도 했다. 수도원 안에는 성당, 도서관, 갤러리, 브루어리 등의 시설이 모여 있는데, 그중에서도 천장까지 닿은 서가와 프레스코화 천장화를 볼 수 있는 도서관이 가장 유명하다. 그밖에도 고딕 시대부터 낭만주의 시대까지의 체코 및 유럽 회화가 전시된 스트라호프 갤러리, 1787년 모차르트가 방문해 오르간 연주를 했던 성모 성모승천성당, 식사와 맥주를 즐길 수 있는 수도원 브루어리(p.105) 등이 있다.

구 글 맵 50.086176, 14.389260 `P.100 E`
홈 페 이 지 www.strahovskyklaster.cz
운　　 영 09:00~12:00~13:00~17:00, 12월 24~25과 부활절 휴관
입 장 료 수도원 무료, 도서관 120CZK, 갤러리 120CZK, 도서관+갤러리 통합권 200CZK (학생은 50%)
위　　 치 트램 22번 포호제레츠(Pohořelec)역에서 도보 5분

-스트라호프 도서관 Strahovská knihovna

스트라호프 수도원에서 가장 인기 있는 명소로 중세의 희귀본과 지도, 지구본 등을 보관하고 있다. 도서관은 신학의 방과
철학의 방으로 이루어져 있으며, 특히 철학의 방에 있는 인간의 탐구 정신을 표현한 프레스코 천장화가 유명하다. 도서관 내부는
사진과 동영상 촬영이 가능하지만, 촬영비를 별도로 내야 한다.

입장료 일반120CZK, 학생 60CZK, 사진 50CZK, 동영상 100CZK

©www.prague.eu

-스트라호프 갤러리 Strahovská obrazárna

1835년 초 건립된 미술관으로 약 1500점의 그림이 전시되어 있다. 14~19세기에 걸쳐 수집된 유럽의 다양한 작품이 연대순으로 전시되어 있다. 가장 가치 있는 작품은 수도원 1층 복도에 걸려있다.

입장료 일반120CZK, 학생 60CZK, 사진 50CZK, 동영상 100CZK

©www.prague.eu

–스트라호프 수도원 브루어리

Klášterní pivovar Strahov

수도원 안에서 식사와 맥주를 동시에. 스트라호프 수도원 안에 자리한 소규모 양조장으로 개성 있는 맥주와 식사를 즐길 수 있다. 총 3가지 맛의 맥주를 즐길 수 있으며, 부활절과 크리스마스에는 한정 맥주도 선보인다. 소시지, 굴라시, 샐러드 등 간단한 메뉴에서부터 스테이크, 립, 슈니첼, 생선요리, 베지테리언 메뉴 등 다양한 식사메뉴는 물론 커피, 디저트, 와인까지 즐길 수 있다. 수도원 안에 양조장이 있었다는 사실은 13·14세기 문헌에도 기록이 있지만, 1628년부터 본격적인 양조 시설을 갖춘 브루어리가 들어섰으며, 1907년에 문을 닫고 농가로 사용되다 2000년에 복원을 거쳐 지금의 모습을 갖추게 되었다. 230석 규모의 실내와 테라스 석을 갖추고 있다.

브루어리 입구

홈페이지	www.klasterni-pivovar.cz
운 영	10:00~22:00
예 산	맥주 40CZK~, 메인요리 200CZK~
위 치	스트라호프 수도원 내.

로레타 성당 Loreta

가톨릭 신자들의 성지순례. 이탈리아 순례지 로레토에 있는 산타 카사 Santa Casa를 모델로 지은 성당으로 17세기에 건립되었다. 본관 예배당 안쪽에는 십자가에 못 박힌 수염 난 성녀 빌제포르타 Wilgefortis가 십자가에 처형당하는 모습을 새긴 조각이 있으며,

로레타 성당의 외관

2층 성물 전시실에는 17~18세기 중앙 유럽 세공 기술의 우수성을 보여주는 제단, 골동품, 조각상, 회화, 보석 등 다양한 보물이 전시되어 있다. 그중에서도 '프라하의 태양 Prague Sun'이라고 불리는 6222개의 다이아몬드로 만들어진 성체 안치기가 가장 유명하다. 매주 토요일 오후 3시와 3시 30분에는 방문객을 위한 바로크 오르간 콘서트가 열리니 관심 있다면 한번 가보자.

구 글 맵	50.089247, 14.391510 P.100 E
홈 페 이 지	www.loreta.cz
운 영	09:00~17:00(11~3월 09:30~16:30)
입 장 료	일반 150CZK, 학생 130CZK, 사진 촬영 100CZK
위 치	스트라호프 수도원에서 도보 8분 또는 트램 22번 포호제레츠(Pohořelec)역에서 도보 5분

프라하의 태양이라 불리는 성체 안치기

프라하성
Pražský Hrad

천년 역사를 자랑하는 체코의 상징. 블타바강 왼쪽 흐라드차니 언덕에 위치한 프라하성은 프라하의 상징이자 프라하의 최대 볼거리로 9세기에 요새로 처음 만들어졌다. 카를 4세 때인 14세기에 지금의 모습과 비슷한 모습을 갖추었고, 이후 여러 양식이 가미되면서 18세기 말 현재와 같은 모습을 갖추었다. 9세기 무렵부터 체코의 군주들과 왕들이 살았으며, 1918년부터 대통령 관저로 사용하고 있다. 면적 7만㎡, 길이 570m, 폭 128m에 달하는 프라하성은 전 세계의 현존하는 중세양식의 성 중 가장 큰 규모로 축구장 7개를 합친 것보다 넓은, 엄청난 규모의 부지에 자리하고 있다. 성 안의 대표적 건물로는 12세기에 지은 구 왕궁과 체코에서 가장 규모가 큰 성 비타 대성당, 성 이르지 성당, 황금소로, 달리보르카 탑 등이 있다. 프라하성 서쪽에는 프라하 국립미술관으로 사용되고 있는 슈바르첸베르크 궁전 Schwarzenberský palác 과 슈테른베르크 궁전 Šternberský palác 이 있다.

※프라하성은 엄청난 규모의 부지에 볼거리가 퍼져 있으므로 방문하고자 하는 코스를 미리 정한 후 움직이는 것이 좋다.

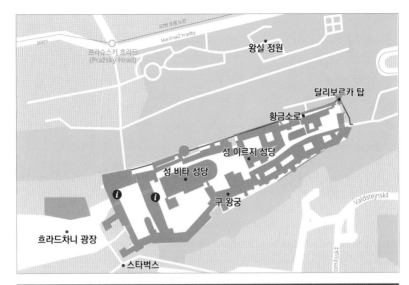

프라하성 관람 안내

프라하성은 성 입구와 공원 입장은 무료이지만 각 건물 내부 관람은 유료이다. 입장권은 관람 가능한 건물에 따라 Circuit A·B·C 3가지의 연합 티켓과 개별 입장권으로 나뉜다. 역사에 특별한 관심이 없는 여행자라면 Circuit B 티켓이 무난하고, 일부만 보고 싶다면 개별 입장권을 구매하도록 하자.

※티켓의 종류

Circuit A (A코스) : 구왕궁, '프라하성 이야기' 전시관, 성 이르지 교회, 황금소로, 화약탑, 성 비타 대성당, 로젠베르크 궁전

Circuit B (B코스) : 구왕궁, 성 이르지 교회, 황금소로, 성 비타 대성당

Circuit C (C코스) : 성 비타 대성당 보물관, 프라하성 회화관

※추천코스 (약 2시간 소요)

왕실 정원→ 대통령궁 & 근위병 교대식 구경 → 종합안내소 티켓구입→ 성 비타 대성당 → 구 왕궁 → 성 이르지 성당 → 황금소로 → 달리보르카 탑

구 글 맵   50.091114, 14.401625 P.100A
홈 페 이 지   www.hrad.cz/kr/prague-castle-for-visitors (한국어)
운　　영   성 부지 06:00~22:00, 건물 09:00~17:00(11~3월 ~16:00)
입 장 료   A코스-350CZK, B코스-250CZK, C코스-350CZK (학생은 50% 할인), 개별 입장권 70~250CZK
위　　치   트램 22번 프라슈스키 흐라드(Pražský Hrad)역에서 도보 5분. 메트로 A선 말로스트란스카(Malostranská)역에서 도보 10분

-대통령궁 (신 왕궁) *Nový královský palác*

칼과 몽둥이를 들고 있는 타이탄 석상 2개가 달린 문이 있는 곳이 바로 대통령의 집무실로 쓰이는 신 왕궁이다.
건물 오른쪽 지붕에 깃발이 걸려있으면 현재 대통령이 머무르고 있다는 표시이고, 깃발이 없으면 대통령이 해외 순방 중이라는 뜻.
석상 아래에는 프라하 성문을 지키는 근위병 2명이 서 있으며, 정시마다 근위병 교대식이 열린다.

©www.hrad.cz

-구 왕궁 (Pražský hrad - Starý královský palác)

9세기에 목조건물로 지어졌다가 12세기에 돌을 사용한 로마네스크 양식으로 개조하였다. 지어진 이래 16세기까지
체코 왕들이 거주하던 곳이다. 특히 중세 유럽 최대의 홀인 블라디슬라프 홀 (Vladislavský sál)은 중세 프라하에서 기둥이 없는
건물 중 가장 큰 건물로 알려져 있으며, 지금도 대통령 취임식과 국가기념행사가 이곳에서 거행된다.

운영 09:00~17:00 (11~3월 ~16:00)

–성 비타 대성당

Katedrála sv. Víta

고딕 양식의 아름다운 대성당.

체코 국왕과 여왕의 대관식이 거행되는 프라하의 상징적인 건물로 프라하성 중앙에 있다. 1344년 카를 4세의 명에 의해 10세기경 로마네스크 양식의 원형 성당이 있던 자리에 성당을 짓기 시작했으나, 1419년 후스파 전쟁으로 건축이 중단되고 400년간 미완성인 채로 남아있다가 수 세기가 지난 1929년에 고딕 양식으로 완공되었다. 성당의 규모는 길이 124m, 폭 60m, 천장 높이 33m, 첨탑 높이 100m에 이른다. 성당의 하이라이트는 정문 바로 위를 장식한 지름 10.5m의 '장미의 창'을 비롯해 알폰스 무하의 스테인드글라스, 성 바츨라프 예배당, 보물 전시관, 얀 네포무츠키의 무덤, 전망대, 역대 왕들을 안치해놓은 지하무덤 등이다.

홈페이지   성당 www.katedralasvatehovita.cz
보물관 www.mekapha.cz
운　영   09:00~17:00 (11~3월 ~16:00)
입장료   입장은 무료. 보물 전시관 250CZK, 남쪽 전망대 150CZK

장미창
성당 정문 바로 위에 자리하고 있는 지름 10.5m의 창
문으로 천지창조의 1~6일 동안을 묘사하고 있다.

알폰스 무하 스테인드글라스
성당 내부로 들어가면 화려한 스테인드글라스가 눈에 띈다. 그 중에서도 1931년 알폰스 무하가 슬라비에 은행의
후원으로 제작한 북쪽 창의 작품이 가장 유명하다. 체코 민족의 천년 역사를 집약해 표현했다.

성 바츨라프 예배당 Kaple sv. Václava
체코의 수호성인 성 바츨라프의 유해를 안치해 놓은 예배당으로 벽면은 진귀한 보석으로 화려하게 장식되어 있으며, 예수의 수난을 묘사하는 벽화 시리즈와 성 바츨라프의 일생을 나타낸 장면이 그려져 있다.

얀 네포무츠키의 무덤 Nahrobek Sv. Jana Nepomuckého
순교자 얀 네포무츠키의 높은 뜻을 기려 은 3t을 사용해 화려하게 장식되어 있다. 천사들이 끄는 수레 위에 십자가를 든 네포무츠키의 조각상이 서 있다.

성 비타 대성당 전망대 sv. Víta – vyhlídková věž
성당 남쪽 탑에는 높이 56m의 전망대가 있다. 프라하성과 주변 말라스트라나 지구의 전경을 감상할 수 있다. 단, 좁은 나선형 계단 287개를 올라야 하며, 성 관람권과 별도로 티켓을 사야 한다.

-성 이르지 성당 Bazilika sv. Jiří

프라하성에서 가장 오래된 로마네스크 양식의 건물. 붉은 건물에 흰색 탑 2개가 솟아 있는데 두 개의 탑은 아담과 이브를 상징한다고 한다. 브라티슬라프 1세의 명으로 920년 처음 지어졌으며, 1142년 대화재 이후 증축되고 17세기 건물 정면을 바로크 양식으로 개축해 지금의 모습을 갖추었다. 보헤미아 최초의 성녀인 루드밀라의 예배당과 성 얀 네포무츠키 예배당이 유명하다.

운영 09:00~17:00 (11~3월 ~16:00)

-황금소로 Zlatá ulička

알록달록한 색상의 작고 아담한 집들이 붙어 있는 좁은 골목길이 바로 황금소로이다. 16세기부터 금은 세공사와 연금술사들이 살기 시작하면서 황금소로라는 이름이 붙었다. 지금은 관광객들을 위한 기념품숍으로 운영되고 있다. 파란색의 22번지는 프란츠 카프카가 1916~1917년에 살던 곳이다.

운영 09:00~17:00 (11~3월 ~16:00)

-달리보르카 탑 Daliborka

황금소로 끝에 있는 탑으로 1496년 요새의 일부로 세워졌다. 1781년까지 감옥으로 이용되었으며
탑의 이름은 1498년 첫 수감자였던 기사 달리보르 Dalibor 의 이름에서 따왔다. 내부에는 죄인들을 지하 감옥으로
내려보내기 위해 사용되었던 도르래를 비롯해 고문 기구들이 전시되어 있다.

운영 09:00~17:00 (11~3월 ~16:00)

-왕궁 정원 Královská zahrada

1534년 합스부르크 왕가의 페르디난트 1세 Ferdinand I 의 명으로 조성된 르네상스 양식의 왕실 정원으로 중세시대 당시 포도밭이
있던 자리에 조성되었다. 프라하성 북쪽에 넓게 자리해 한적하게 휴식을 취하기에 좋다.

운영 10:00~18:00 (5·9월 ~19:00, 6·7월 ~21:00, 8월 ~20:00), 11~3월은 휴관 / 입장료 무료

Pražský Hrad

49번지 백조

네루도바 거리
Nerudova Ulice

멋진 건물이 늘어서 있는 거리. 말라스트라나 광장에서 프라하성으로 이어지는 거리로 외국 대사관과 기념품점·카페·레스토랑 등 화려하고 멋진 건물들이 늘어서 있다. 이 거리가 유명해지게 된 이유는 건물마다 문 위에 붙여진 문패 장식들 때문. 도시에 번지가 매겨지기 전인 18세기, 주소를 구분하기 위해 번지수 대신 집주인의 직업을 상징하는 표식을 그림이나 조각으로 만들어 문패를 만들었는데 그 문패들이 지금까지도 잘 보존되어 있다. 세 개에 걸친 바이올린 집, 금잔의 집, 금 열쇠 집, 두 개의 태양, 녹색 랍스터, 붉은 양 등 다양한 문패가 새겨져 있으니 천천히 걸으며 감상해보자. 네루도바 거리 이름은 체코슬로바키아의 시인이자 소설가인 얀 네루다 Jan Neruda의 이름에서 따왔다.

구 글 맵　50.088525, 14.399570　P.100 E
위　　치　트램 22번 말로스트란스케 나메스티(Malostranské náměstí)역에서 도보 2분. 또는 메트로 A선 말로스트란스카 (Malostranská)역에서 도보 10분

47번지 두 개의 태양 / 얀 네루다의 집

43번지 녹색 랍스터

34번지 황금편자

28번지 황금 바퀴

27번지 황금 열쇠

11번지 붉은 양

16번지 황금 잔

14번지 메두사

12번지 바이올린

발트슈테이나 궁전 & 정원
Valdštejnský palác & Zahrada

산책하기에 좋은 멋진 공원. 1624~1630년에 세워진 대규모 바로크 양식의 궁전으로 체코의 부유한 귀족 출신이자 페르디난트 2세 시대에 총사령관을 역임한 발트슈테이나 (Valdštejna 또는 Wallenstein)가 프라하성보다 더 멋진 궁전을 짓고자 프라하성 아래에 지었다고 한다. 르네상스식 정원 한가운데에는 분수가 있고, 정원 둘레에는 멋진 조각상이 곳곳에 있어 한적하게 산책을 즐기기에 좋다. 특히 여름철에는 콘서트와 연극이 공연되는 야외공연장 '살라 테레나 Sala terrena'는 영화 〈아마데우스〉에 등장했던 곳으로도 유명하다. 그 밖에 석회동굴처럼 생긴 인공 벽도 볼 수 있다. 본궁은 현재 상원 의사당으로 사용되고 있으며 내부는 가이드 투어를 통해 주말에만 관람할 수 있다.

구 글 맵	50.090078, 14.405661 P.100 F
홈 페 이 지	www.senat.cz
운 영	정원 4~10월 07:30~18:00 (주말·공휴일 10:00~), 궁전은 가이드 투어로 주말에만 운영
입 장 료	정원 무료
위 치	메트로 A선 말로스트란스카(Malostranská)역에서 도보 5분

성 미쿨라셰 성당 Kostel sv. Mikuláše

모차르트가 파이프 오르간을 연주했던 곳.

프라하성 주변에 있는 성 미쿨라셰 성당은 유럽 바로크 양식의 정수로 불리며 성당 내부의 장식도 프라하에서 최고로 꼽는다. 18세기 초반 세워졌으며, 놀랍게도 지름 20m에 달하는 돔은 내부 높이가 49m나 된다. 내부는 화려한 금박과 섬세한 대리석 조각으로 장식되어 있으며 천장에는 성 세실리아의 프레스코화가 그려져 있다. 성 미쿨라셰 성당을 사랑했던 모차르트는 프라하에 머무는 동안 이곳에서 자주 오르간 연주를 했으며, 1787년 모차르트가 직접 연주한 4000개의 파이프가 달린 오르간은 지금도 남아있다. 3월 말~11월 초 매일 저녁 6시에는 다양한 콘서트가 열리니 관심 있다면 한번 가보자. 콘서트 티켓은 홈페이지에서 예매 가능.

구 글 맵	50.088253, 14.403185 `P.100 F`
홈페이지	www.stnicholas.cz
운 영	09:00~17:00 (11~2월 09:00~16:00)
	콘서트는 3월 말~11월 초 매일 저녁 6시(화요일 제외)
입 장 료	일반 100CZK, 학생 60CZK / 콘서트: 일반 490CZK, 학생 300CZK
위 치	메트로 A선 말로스트란스카(Malostranská)역에서 도보 8분

캄파 섬
Kampa

프라하의 베네치아로 불리는 곳. 카를교에서 말라스트
라나 지구 쪽으로 가다 보면 블타바강 본류와 강변 사이에
있는 인공섬인 캄파 섬을 만날 수 있다. 블타바강의 지류인 체
르토프카 Čertovka 는 프라하의 베네치아로 불리며, 프라하에서 가장 로맨틱하고 그
림 같은 장소 중 하나로 꼽힌다. 캄파 섬에는 작은 미술관인 캄파 박물관과 휴식을 즐
기기에 좋은 정원, 연인들의 자물쇠로 가득한 물레방아, 영화 〈미션 임파서블 I〉에서
톰 크루즈가 질주했던 작은 광장, 데이비드 체르니의 작품 〈아기들〉, 낙서로 가득한 존
레넌의 벽 등을 만날 수 있다. 섬 주변으로 아름다운 레스토랑과 카페 등이 있지만 관
광객들에게 널리 알려지지 않아 조용하고 여유롭게 산책과 휴식을 즐기기에 좋다. 북
적거리는 명소를 떠나 한적한 시간을 즐기고 싶다면 한번 방문해보자.

구 글 맵 50.084855, 14.408365 P.100 F
위   치 메트로 A선 말로스트란스카(Malostranská)역 또는 카를교에서 도보 5분

존 레넌 벽
Zeď Johna Lennona

평화와 자유를 상징하는 벽. 캄파 섬을 걷다 보면 각양각색의 낙서가 가득한 벽을 만날 수 있는데, 이 벽이 바로 존 레넌 벽이다. 1980년 존 레넌의 갑작스러운 죽음 이후 이곳에 존 레넌의 얼굴을 그리기 시작하면서 존 레넌 벽이 생기게 되었다. 공산당이 팝 음악을 금지하던 당시, 존 레넌의 Imagine 을 들으며 자유와 평화를 열망하던 체코의 젊은이들은 존 레넌의 모습과 노랫말을 그림과 낙서로 표현했다고 한다. 하지만 그림과 낙서를 지우는 경찰과 경찰의 눈을 피해 새로운 그림이 그려지는 일들이 반복되다가 젊은이들의 입소문을 타고 점차 알려지게 되면서 오늘날의 명소로 자리매김하게 되었다. 지금은 세계 각국의 언어로 적힌 사랑 고백과 낙서가 벽을 채우고 있으며, 프라하 말라스트라나 지구의 대표 명소로 알려져 많은 이들의 발길이 이어진다. 젊은이들의 인증샷 명소로도 많은 사랑을 받고 있다.

구 글 맵 50.086257, 14.406795 P.100 F
위   치 카를교에서 도보 5분

카프카 박물관
Franz Kafka Museum

카프카의 생애와 작품을 소개하는 곳.

프란츠 카프카 (Franz Kafka, 1883~1924)는 인간 운명의 부조리성, 인간 존재의 불안을 통찰한 실존주의 문학의 선구자로 높이 평가받는 작가로 유대계 독일인으로 프라하에서 태어났다. 박물관 내에는 작품 초판본, 친필편지, 일기, 그림, 사진 등을 전시하고 있으며 카프카의 일대기를 작품의 분위기에 맞춰 미술작품처럼 꾸며놓았다. 박물관 마당 앞에 놓인 조형물은 프라하의 조각가 다비드 체르니 David Černý 의 작품으로 체코 지도 모양의 웅덩이 안에 서서 소변을 보는 두 남자의 모습을 표현했다. 입장권은 박물관 건너편 기념품점에서 판매하며, 무하 박물관 티켓도 50% 할인가에 판매한다.

구 글 맵 50.087981, 14.410513 P.100 F
홈페이지 www.kafkamuseum.cz
운 영 10:00~18:00
입 장 료 일반 260CZK, 학생 180CZK
위 치 메트로 A선 말로스트란스카(Malostranská)역 또는 카를교에서 도보 5분

체코의 괴짜 예술가,
다비드 체르니를 만나다!

다비드 체르니 David Černý

프라하 곳곳의 공공장소에는 다비드 체르니가 작업한 대형 조형물이 설치되어 있다. 다비드 체르니는 선동가, 괴짜, 문제아로 불리는 체코 출신의 세계적 설치 미술가로 민감한 소재나 정치적 이슈, 환경 문제 등에 대한 자신의 견해를 예술작품에 반영해 사회를 풍자하고 자신이 말하고자 하는 바를 전달한다. 그가 이름을 널리 알리게 된 계기로는 체코에 민주정권이 들어선 1991년 프라하에 있는 소비에트 탱크를 핑크색으로 칠하는 퍼포먼스를 벌여 체포된 뒤부터다. 대표적인 작품으로는 2012년 런던올림픽 기념으로 설치한 팔굽혀 펴기를 하는 더블데커 〈런던 부스터 London Booster〉와 2009년 체코가 유럽연합 의장국을 맡은 것을 기념해 EU 27개국을 형상화한 〈엔트로파 Entropa〉가 있으며, 프라하에는 체코의 수호성인 바츨라프 기마상을 패러디한 〈말Kůň〉에서부터 지그문트 프로이트를 모델로 한 〈매달린 사람 Visící Muž〉, 카프카 박물관에 자리한 〈오줌싸는 두 사람 Proudy〉, 2014년 스테인리스 스틸로 만든 10m 높이의 움직이는 조형물 〈카프카 Kafka〉 등이 있다.

오줌싸는 두 사람 Proudy (Piss)
체코 지도 모양의 웅덩이 안에 서서 소변을 보는 두 남자의 모습을 표현한 작품으로 엉덩이 부분이 좌우로 움직이며 오줌 물줄기로 메시지를 쓴다.

말 Kůň (Horse)

체코의 수호성인 바츨라프 기마상을 패러디한 작품으로 거꾸로 매달려 죽은 말 위에 성 바츨라프와 비슷하게 생긴 남성이 앉아 있다. 원래는 중앙우체국 전시용으로 만들어졌으나 파격적이라는 이유로 이곳에 전시되었다.

위 **치** 루체르나 쇼핑센터 안 P.139 K

매달린 사람 Visící Muž (Hanging Man)

안경을 쓰고 정장 차림을 한 신사가 왼손은 바지 주머니에 찔러넣고 오른손은 막대기에 매달린 모습을 형상화한 작품으로 정신분석학자 지그문트 프로이트를 모델로 하였다.

위 **치** 구시가 광장에서 도보 6분 P.138 J

카프카 Kafka

2014년 스테인리스 스틸로 만든 10m 높이의 움직이는 조형물로 카프카의 얼굴을 형상화했다. 42개의 수평 레이어로 된 조각이 각각 다른 방향으로 독립적으로 회전하면서 정면, 옆모습, 뒷모습을 만든다.

위 **치** 구시가 광장에서 도보 10분. 쇼핑몰 쿼드리오(OC Quadrio) 안 P.138 J

©www.prague.eu

꿈의 아기들 Babies (Mininka)

프라하에서 가장 높은 건물인 216m 높이의 타워에 설치된 작품으로 TV 타워 몸통을 따라 기어오르는 바코드가 달린 10명의 아기 조각상을 표현했다.

위 **치** 중앙역에서 도보 25분. 프라하 타워파크 (Žižkovská televizní věž)

카를교 (카를 다리) Karlův Most

프라하 여행의 하이라이트. 프라하의 구시가와 신시가를 이어주는 다리로 프라하 최초의 다리다. 카를교는 10세기에 나무로 지었다가 12세기에 돌로 만든 유디틴 다리가 1342년 홍수로 유실되자, 그 자리에 새로 축조한 다리이다. 1357년 카를 4세가 착공, 사암으로 축조하여 1402년 완공되었다. 총길이 520m, 폭 10m의 고딕 양식의 다리로 처음에는 돌다리 또는 프라하 다리로 불리다 1870년, 다리 건설의 주역인 카를 4세의 이름을 따서 카를교라고 불렀다. 19세기에는 전차, 트램, 자동차가 지나갔으나 안전을 위해 보행자 전용으로 바뀌었다. 다리 양옆으로는 30개의 성인 석상이 있으며, 그중 성 얀 네포무츠키의 조각상이 가장 유명하다. 또한 카를교 위에는 아기자기한 기념품과 초상화를 그려주는 화가, 재즈 연주자들이 여행자들의 발길을 붙잡는다. 카를교는 시간대와 날씨, 계절 등에 따라 다양한 분위기를 느낄 수 있으니 일정이 여유롭다면 시간대를 달리해 방문해보자. 카를교에서 보는 프라하성의 야경도 빼놓지 말자. 다리 양 끝에는 전망대로 사용되는 교탑이 있다.

구 글 맵   50.086490, 14.411437   P.100 F
위   치   메트로 A선 말로스트란스카(Malostranská)역에서 도보 8분.
         또는 메트로 A선 스타로메츠스카(Staroměstská)역에서 도보 6분

성 얀 네포무츠키 신부의 조각상

카를교 다리 양쪽에는 1683년부터 1928년까지 설치된 행운과 비밀의 소원을 이루어주는 30개의 성인 석상이 있다. 그중 가장 유명한 석상은 성 얀 네포무츠키의 조각상이다. 말로스트란스카 다리 탑을 기준으로 왼쪽의 8번째가 성 얀 네포무츠키의 동상이다. 성 얀 네포무츠키는 1393년 혀를 잘린 채 강물에 던져져 순교한 인물로 순교 당시 블타바강 위로 다섯 개의 별이 떠올랐다 하여 머리에 5개의 별이 둘러져 있다. 반석의 전면에는 네포무츠키 신부가 병사들에 의해 돌에 매달려 거꾸로 떨어지는 모습이 부조로 묘사되어 있다. 동상 아래 부조를 만지면 행운이 온다는 이야기 덕분에 수많은 사람들이 손으로 만져 그 부분만 반질반질하지만, 더 비밀스러운 소원을 빌고 싶다면 조각상에서 몇 발자국 떨어진 곳에 있는 5개의 별을 단 검은 창살에 새겨진 얀 네포무츠키에게 빌어보자. 손가락으로 각각의 별을 만진 후 왼손바닥으로 창살 밑 십자가를 덮고 소원을 빌면, 그 순간 빌게 되는 소원은 꼭 이루어진다고 한다.

K a r l ů v   M o s t

카를교탑 Karlův Mostecké Věž

아름다운 프라하를 조망할 수 있는 전망대. 카를교 양쪽에는 아름다운 고딕 양식의 탑 두 개가 있는데 각각 구시가와 말라스트라나 지구에 자리 잡고 있다. 처음에는 망루 역할을 했으나 지금은 전망대로 개방하고 있다. 특히 구시가 교탑은 카를교와 프라하성을 한눈에 조망할 수 있어 더 인기 있다.

-구시가 교탑 (Staroměstská mostecká věž / Old Town Bridge Tower)
구시가에서 카를교로 들어가는 대문으로 유럽에서 가장 아름다운 대문으로 불린다. 1380년 이전에 완공되었으며, 카를 4세, 바츨라프 4세 등 다양한 석상으로 장식되어 있다.

-말라스트라나 교탑 (Malostranské mostecké věž / Lesser Town Bridge Tower)
작은 탑은 로마네스크 양식으로 12세기에 건립되었으며 1591년 지금의 르네상스 양식으로 개축되었다. 큰 탑은 1464년 축조된 후기 고딕 건축물로 구시가 교탑과 연계되어 축조되었으며, 두 탑 사이의 성문은 15세기 초에 축조되었다.

구 글 맵	50.086170, 14.413570 P.138 E
홈페이지	www.muzeumprahy.cz/prazske-veze
운 영	10:00~18:00(3·10월 ~20:00, 4~9월 ~22:00)
입 장 료	교탑마다 각각 부과, 일반 100CZK, 학생 70CZK
위 치	구시가 광장 또는 프라하성에서 각각 도보 10분

구시가 교탑에서 본 카를교와 프라하성 전경

구시가 광장
·
바츨라프 광장 주변

프라하 여행의 중심!

체코의 수많은 역사적 사건이 발생한 바츨라프 광장과 프라하 여행의 출발점인 중앙역,
건축사 박물관으로 불릴 만큼 고풍스러운 중세 건물이 늘어선 구시가 광장 등 프라하의
대표적인 볼거리가 모여 있는 지역으로 전 세계의 관광객들로 붐빈다.

루돌피눔 (예술의 집) Rodolfinum P.141

클라우스 유대교회 Klausová synagoga P.156

신구 유대교회 Staronová synagoga P.155

구 유대인 공동묘지 Starý Židovský Hřbitov P.157

핀카스 유대교회 Pinkasová synagoga P.156

마이셀 유대교회 Maiselova synagoga P.157

Staroměstská

P.151
성 미쿨라셰 성당 (구시가) Chrám sv. Mikuláše

P.152
골츠킨스키 궁전 Palác Kinských

묵똥 P.194 Muc Dong

국립 마리오네트 극장 Národní Divadlo Marionet P.158

얀 후스 동상

구시가 광장 Staroměstská Náměstí P.142

코즐로브나 Kozlovna Apropos P.191

구시청사 탑 & 천문시계 Staroměstská radnice s orlojem P.146

클레멘티눔 Klementinum P.140

P.199
스와로브스키 Swarovski

P.129
카를 다리 Karlův most

블루 프라하 P.198 Blue Prague

카를교탑 Staroměstská mostecká věž P.134

마누팍투라 Manufaktura P.198

우 모드레 카츠니키 2호점 U Modré KachničkyII P.194

P.198 마누팍투라 Manufaktura

스메타나 박물관 Muzeum Bedřicha Smetany P.141

블루 프라하 Blue Prague P.198

하벨 시장 Havelské tržiště P.167

P.61
재즈 리퍼블릭 JAZZ REPUBLIC Live Music Club Prague

우 베이보두 U Vejvodů P.192

매달린 지그문트 프로이트 동상 P.128

우 메드비쿠 U Medvídků P.188

카페 루브르 Café Louvre

P.200
테스코 마이 Tesco My

카페 슬라비아 Kavárna Slavia
P.160

레두타 재즈클럽 Reduta Jazz Club P.61

나로드니 트리다 (Národní třída)

움직이는 카프카 두상 P.128

국립극장 Národní divadlo

나로드니 디바들로 (Národní divadlo)

야미 스시 하우스
Yami Sushi House
P.193

Náměstí Republiky

P.54
호스텔 프라하 틴
Hostel Prague Týn

P.61
재즈 앤 블루스 클럽 운겔트
Ungelt Jazz & Blues Club

보타니쿠스
Botanicus – Ungelt

돌종의 집
Dům U Zvonu
P.152

브 운겔트
V UNGELTU

틴 성모 성당
Chrám Matky Boží před Týnem
P.150

호텔 킹스 코스 프라하
Hotel Kings Court Prague

시민회관
Obecní Dům
P.164

화약탑
Prašná brána
P.163

검은 성모의 집
Dům U Černé Matky Boží
P.161

그랜드 카페 오리엔트(2F)
Grand Café Orient
P.195

아가르타
AghaRTA Jazz Centrum
P.61

에스타테 극장
Stavovské divadlo
P.160

진드리스카의 탑
Jindřišská věž

무하 박물관
Muchovo muzeum
P.165

P.54
호스텔 아나나스
Hostel Ananas

콜코브나 사바린
Kolkovna Savarin
P.190

호텔 킹스 코스 프라하
Hotel Liberty
P.54

Mustek

우체국
Česká pošta

환전소 골목

브레도브스키 드부르
Restaurace
Bredovský Dvůr
P.191

K

L

바츨라프 광장
Václavské náměstí
P.169

P.196
카바르나 루체르나
Kavárna Lucerna

50m

139

클레멘티눔 Klementinum

프레스코화로 장식된 아름다운 도서관이 있는 곳.

유럽 최대규모의 복합단지로 16~18세기에 건축된 다양한 건물이 들어서 있다. 원래 수도원 건물이었으나 1556년 합스부르크 왕가의 페르디난트 1세가 보헤미아의 구교 세력을 강화하겠다는 목적으로 이곳에 예수회 본부를 설치하고 클레멘티눔이라고 이름 지었다. 특히 유네스코 세계문화유산에 등록되어있는 바로크 양식의 도서관(Barokní knihovna)이 가장 유명하며, 아름다운 프레스코화 장식과 역사적 가치를 지닌 지구본, 수백 만권의 장서를 만날 수 있다. 또한 정기적으로 클래식 콘서트가 열리는 거울 예배당 (Zrcadlová kaple), 프라하 전경을 볼 수 있는 천문탑 (Astronomická věž)등이 있다. 내부는 공연과 가이드 투어를 통해 관람할 수 있다.

구 글 맵　50.086648, 14.416015 P.138 E
홈 페 이 지　www.klementinum.com
운　　영　10:00~18:00 (1월 중순~3월 중순 ~17:30)
입 장 료　패스트트랙 380CZK, 일반300CZK, 학생200CZK
위　　치　구시가 광장에서 도보 10분 또는 카를교에서 도보 2분

스메타나 박물관 Muzeum Bedřicha Smetany

카를교 바로 옆 블타바 강변에 있는 네오 르네상스 양식의 건물로 체코 음악의 아버지로 불리는 작곡가 스메타나 관련 자료를
전시하고 있다. 친필 악보를 비롯해 음악회 포스터, 스메타나가 직접 사용했던 물품 등을 전시하고 있다.

홈페이지 www.nm.cz/en/visit-us/buildings/bedrich-smetana-museum
운영 10:00~17:00, 화요일 휴무 / 입장료 일반 50CZK, 학생30CZK / 위치 카를교 동쪽 끝 강가. (MAP. 138 E)

루돌피눔 (예술의 집) Rodolfinum

1884년에 건립된 네오 르네상스 양식의 건물로 1885년 개관식에 참가한 합스부르크가 왕자의 이름을 따 루돌피눔으로 이름 지었다.
건물 내의 드보르자크 홀은 체코 필하모니 오케스트라의 주요 무대이며, 음악축제인 '프라하의 봄'도 이곳에서 개최된다.

홈페이지 www.ceskafilharmonie.cz / 위치 메트로 A선 스타로메츠스카(Staroměstská)역에서 도보 2분
구시가 광장에서 도보 6분 (MAP. 138 A)

구시가 광장
Staroměstská Náměstí

프라하 관광의 중심. 12세기에 형성된 광장으로 카를교, 프라하성으로 이어지는 프라하 여행의 중심지이다. 광장 주변으로 다양한 양식의 건물이 모여 있어 건축사 박물관으로 불린다. 구시청사와 천문시계를 비롯해 종교개혁가 얀 후스 동상, 틴 성당, 킨스키 궁전, 돌의 집 등 프라하를 대표하는 볼거리가 모여 있어 온종일 전 세계의 관광객들로 붐비고, 거리 악사의 연주와 크리스마스 마켓 등 다채롭고 재미있는 행사가 1년 내내 펼쳐진다. 구시가 광장은 프라하에서 가장 중요한 역사의 현장이기도 하다. 15세기에는 종교개혁가 얀 후스의 추종자들이 이곳에서 처형당했고, 1948년에는 광장 주변 골츠킨스키 궁전 발코니에서 공산당 정권이 선언되기도 했다.

구 글 맵 50.087588, 14.421189 P.138 B
위　　치 메트로 A선 스타로메츠스카(Staroměstská)역에서 도보 4분.
　　　　 또는 A·B선 무스텍(Můstek)역에서 도보 7분

얀 후스 Jan Hus (1372~1415)

구시가 광장 한가운데에는 얀 후스의 순교일 500주년을 기념해 1915년 7월 6일에 세워진 얀 후스 동상 Pomník Jana Husa 이 있다. 체코에서 가장 존경받는 신학자이자 종교개혁자인 얀 후스는 라틴어뿐만 아니라 체코어로 저술 활동을 하고 체코어로 찬송가를 보급하였다. 그는 교회가 타락을 청산하고 초기 기독교 정신으로 복귀해야 한다고 주장했으며, 면죄부를 팔아 부를 축적하고 부정부패를 저지르는 로마 가톨릭교회 지도자들의 부패를 비판했다. 그의 주장은 프라하 카렐 대학교 교수들과 왕실, 일부 귀족, 대중의 지지를 받았으나 고위 성직자들과 프라하 독일인들의 반발을 초래하였으며, 결국 1411년 교황 요한 23세에 의해 파문당했다. 콘스탄츠 공의회의 회유와 협박에도 뜻을 굽히지 않은 얀 후스는 1415년 화형을 당했지만, 화형당한 이후 그의 사상은 마틴 루터 등 후일 종교개혁가들에게 많은 영향을 끼쳤다. 얀 후스 동상 기념비 아래에는 얀 후스가 화형당하기 전 남긴 말 "진실을 사랑하고 진실을 말하고 진실을 지켜라"라는 문구가 새겨져 있다.

Staroměstská
Náměstí

구시청사 탑 & 천문시계 Staroměstská radnice s orlojem

프라하를 상징하는 아름다운 건축물. 구시가 광장의 대표적인 건물인 구시청사는 1338년에 지어진 고딕 양식 건축물로 세계에서 가장 오래된 시청사 중 하나이다. 구시청사의 남쪽 벽에는 구시가 광장의 명물인 천문시계가 있으며, 매시 정각에는 천문시계에서 펼쳐지는 '12사도의 행렬'을 보려는 사람들로 구시가 광장은 발 디딜 틈이 없다. 매시 정각이 되면 해골이 오른손으로 줄을 당기고 왼손으로 모래시계를 뒤집는 것을 시작으로, 2개의 창문으로 12사도가 나왔다 들어가는 행렬이 이어지고, 행렬이 끝나면 수탉이 울면서 시간을 알리는 종이 울리며 끝난다. 쇼가 기대에 미치지 못한다고 실망스러워하는 이들도 종종 있으니 큰 기대는 하지 말자. 시계탑 옆 건물 1층에 관광안내소가 있으며 이곳에 시계탑으로 올라가는 입구가 있다. 70m 높이에 달하는 탑에 오르면 구시가의 아름다운 광경이 펼쳐진다.

※천문시계 쇼 감상 시 소매치기에 유의할 것!

구 글 맵 50.087034, 14.420705 P.138 F
홈페이지 www.prague.eu/ko, 모바일 티켓 prague.mobiletickets.cz
운　　영 시청사 09:00~19:00(월 11:00~), 탑 09:00~22:00(월 11:00~),
입 장 료 일반 250CZK, 학생 150CZK, 모바일 티켓 210CZK
위　　치 구시가 광장 내.

천문시계에 얽힌 이야기 Pražský orloj

구시청사 남쪽 벽에는 프라하의 명물 중 하나인 세계에서 세 번째로 만들어진 천문시계가
있다. 이 천문시계는 1410년 시계공 미쿨라시 Mikulas와 카를 대학의 교수 얀 신델 Jan
Sindel이 공동으로 제작했지만, 20세기까지 시계공 하누시가 만든 것으로 알려져졌다. 그
이유는 천문시계에 전해지던 이야기 때문인데, 천문시계가 완성되자 프라하 시의회는 하
누시가 이처럼 훌륭한 시계를 다시는 만들 수 없도록 그의 눈을 멀게 하였고, 그의 죽음과
함께 시계도 작동을 멈추었다는 이야기가 있다. 하지만, 이 이야기는 오늘날 사실이 아님
이 밝혀졌다. 천문시계는 천동설에 기초한 두 개의 원으로 되어있으며, 시각은 물론 일출
과 일몰 시각, 태양과 달의 움직임과 별자리, 날짜까지 표시하고 있다. 상단의 조각상에도
의미가 담겨 있는데, 거울을 들고 있는 사람은 '허영', 황금 주머니를 들고 있는 유대인은
'탐욕' 해골은 '죽음', 죽음(해골), 튀르크인은 '쾌락'을 뜻한다.

Staroměstská

틴 성모 성당
Chrám Matky Boží před Týnem

구시가를 대표하는 고딕 양식의 성당. 하늘을 찌를 듯이 솟아 있는 두 개의 첨탑이 인상적인 고딕 양식의 성당으로 1365년에 짓기 시작해 16세기 초에 완공되었다. 80m 높이의 두 개의 첨탑 사이에는 원래 황금 성배가 있었는데, 1621년 가톨릭 성당으로 개조하면서 황금 성배를 녹여 마리아의 후광을 만드는 데 사용했다고 한다. 바로크 양식으로 꾸며진 성당 내부에는 카렐 샤크레타 Karel Škréta의 화려한 제단화, 프라하에서 가장 오래된 파이프 오르간과 16세기 덴마크 천문학자인 티코 브라헤 Tycho Brahe의 무덤이 있다. 성당 내부는 한정된 시간에만 개방되니 자세한 운영시간은 미리 확인해 두자. 내부는 촬영 불가. 성당 입구는 레스토랑과 상점 사이의 작은 골목에 있다.

구 글 맵 50.087740, 14.422690 P.139 C
홈페이지 www.tyn.cz (체코어)
운 영 화~토 10:00~13:00, 15:00~17:00(월요일 및 미사 시 입장 불가), 입장 무료
위 치 구시가 광장 동쪽.

성 미쿨라셰 성당 (구시가)

Chrám sv. Mikuláše

아름다운 샹들리에가 있는 곳. 프라하에는 총 3개의
성 미쿨라셰 성당이 있는데 그중 구시가 광장에 있는 성
당이다. 1273년 처음 세워진 뒤 14세기 고딕 양식으로 재건
되었으나 1689년 화재로 건물 전체가 소실되었으며, 1739년 하얀 건물에 옥색 지붕을
얹은 바로크 양식으로 재건되어 지금의 모습을 갖추게 되었다. 성당 내부는 유리 공방
에서 제작된 화려한 왕관 모양의 크리스털 샹들리에를 비롯해 성 미쿨라셰 관련 아름
다운 프레스코화로 장식되어 있다. 성당에서는 종종 오르간 콘서트 및 성가대 공연이
열리니 자세한 공연정보는 성당 앞 안내문을 참고하자. 프라하성 주변 말라스트라나
지구에도 성 미쿨라셰라는 이름의 성당이 있다.

구 글 맵　50.087926, 14.419874　P.138 B
홈 페 이 지　www.svmikulas.cz
운　　　영　10:00~16:00 (일 12:00~)
입 장 료　무료
위　　　치　구시가 광장 내.

골츠킨스키 궁전 Palác Kinských

분홍빛 외관이 눈에 띄는 화려한 로코코 양식의 건물로 1765년 골츠 Golz 가문의 의뢰로 지어졌으며, 이후 킨스키 가문이 궁전을 사들이면서 골츠킨스키라는 이름이 붙었다. 지금은 국립미술관으로 이용되고 있다.

홈페이지 www.ngprague.cz/en/budova/palac-kinskych / 운영 10:00~18:00(수~20:00), 월요일 휴관
입장료 통합권 500CZK (프라하 내 국립미술관 상설 전시 무료. 10일간 유효) / 위치 구시가 광장 내. (MAP. 138 B)

돌종의 집 Dům U Zvonu

13세기 후반에 지은 고딕 건축물로 건물 모서리에 종이 걸려있어 돌종의 집이라는 이름이 붙었다. 현재 건물은 프라하 시티 갤러리 Galerie hlavního města Prahy 로 사용되고 있으며, 1층에는 갤러리 입장권 소지 시 할인되는 카페 우 즈보누 U Zvonu 가 있다.

운영 갤러리 10:00~20:00, 월요일 휴관 / 요금 일반 120CZK, 학생 60CZK / 위치 구시가 광장 내. (MAP. 139 C)

SPECIAL PROGRAM

역사의 아이러니를 담고 있는 슬픈 주인공,
유대인 지구, 요제포프 Josefov

유대인 지구(요제포프) Josefov

프라하의 유대인 지구인 요제포프는 구시가 광장에서부터 북쪽으로 뻗은 파르지슈스카 Pařížska 거리를 따라 걸어가면 나온다. 이곳은 프라하에 살던 유대인의 대부분이 격리되어 살던 게토(ghetto)로 그 역사는 13세기로 거슬러간다. 13세기 로마교황청의 지침에 따라 유대인은 기독교 주민과 분리되어 정해진 게토라는 특정 구역 안에 강제로 모여 살게 했기 때문이다. 프라하의 유대인 지구(게토)를 요제포프 Josefou 라고 부르는 이유는 1781년 유대인 거주자들에게 평등권을 부여하는 관용법을 반포한 신성 로마 제국의 황제였던 요제프 2세 Josef II 의 이름을 딴 것이다. 제2차 세계대전 당시 이곳이 무사할 수 있었던 이유는, 불행인지 다행인지 히틀러가 인종 학살로 사라진 유대인 박물관을 프라하에 만들기로 계획한 덕분에 오랜 유대교회(시나고그 synagoga)를 비롯해 나치가 수집한 수많은 유대인 관련 유적들이 최고의 보존상태를 유지하고 있다. 유대인 지구에는 10만 명 이상의 유대인이 묻혀있는 곳으로 추정되는 유럽 최대의 유대인 묘지와 신구 유대교회, 스페인 유대교회 등 여러 개의 유대교회가 있다. 수백 년 동안 온갖 수난과 박해를 받아온 유대인들의 발자취가 궁금하다면 한번 가보자.

※유대교회 입장 시 예법상 남자들은 유대교의 전통의상 중 하나인 키파 Kippah라는 모자를 써야 한다. 키파는 유대교회 입구 앞에서 빌려준다.

※티켓은 총 3가지로, 유대인 지구의 모든 건물에 들어갈 수 있는 통합권, 신구 유대교회에만 들어갈 수 있는 티켓, 신구 유대교회를 제외한 모든 건물에 들어갈 수 있는 티켓으로 나뉜다.

홈페이지	www.jewishmuseum.cz P.101 C·G P.138 A·B
운영	09:00~18:00 (겨울철 1~3월 ~16:30), 토요일·유대인 공휴일 휴관
요금	통합권~일반 500CZK, 학생 300CZK (개별티켓도 있음)
위치	구시가 광장에서 성 미쿨라세 성당 옆의 파르지슈스카 (Pařížska) 거리를 따라가면 된다.

신구 유대교회 Staronová synagoga

13세기 말 초기 고딕 양식으로 건축된 유대교회로 중부유럽에서 가장 오래되었다. 톱날 모양의 지붕이 인상적이며, 석물 장식과 고딕 양식 철창, 철제 샹들리에 등 전통적인 내부 장식이 잘 보전되어 있다. 지금도 예배가 열리며, 진흙으로 빚은 인조인간 골렘이 잠들어 있는 곳으로 알려져 있다.

※진흙 인간 골렘 Golem

신구유대교회에는 진흙으로 빚은 인조인간 골렘에 관한 전설이 있다. 16세기 유대교의 율법 교사인 랍비 로우 Loew 는 진흙으로 인조인간 골렘을 빚어 생명을 불어넣고 유대인을 보호하고자 했다. 하지만 골렘이 오히려 유대인을 해치는 존재가 되자, 랍비는 그의 생명을 거두고 신구 유대교회에 묻었다고 한다.

클라우스 유대교회 Klausová synagoga

요제포프 중 가장 큰 유대교회. 원래 이 자리에는 랍비 로우가 세운 탈무드 학교를 포함해 세 개의 작은 건물이 있었으나
1689년 게토 화재 이후, 1694년 바로크 초기 양식의 클라우스 유대교회가 세워졌다. 현재는 유대인의 종교·전통·문화 등을
보여주는 다양한 생활용품을 전시하고 있다.

핀카스 유대교회 Pinkasová synagoga

프라하에서 두 번째로 오래된 유대교회로 나치에 의해 학살당한 체코계 유대인들을 추모하기 위해 재건되었다.
내부 벽면에는 나치에 의해 희생된 7만 7,297명의 희생자 이름과 출생·사망 연도가 새겨져 있으며, 수용소의 어린이들이 남긴
그림과 후대의 어린이들이 그린 4,500여 점의 그림이 전시되어 있다.

마이셀 유대교회 Maiselova synagoga

1592년 유대인 타운의 시장이었던 마이셀의 지원으로 지어진 르네상스 양식의 교회였으나, 1689년 게토 화재로
심하게 소실되어 수년간의 보수작업을 거쳐 지금의 네오 고딕 양식으로 재건되었다.
지금은 유대인 박물관 Židovské muzeum 으로 이용되고 있다.

©www.prague.eu

구 유대인 공동묘지 Starý Židovský Hřbitov

유럽 최대의 유대인 매장지로 15세기 중반 형성되어 1787년까지 매장지로 사용되었다. 12000개의 고딕, 르네상스 및
바로크 양식의 무덤이 있고, 약 20만 명 이상의 유대인이 묻혀있는 것으로 추정된다. 화장을 할 수 없는 유대교 문화에 따라 좁은
공간에 많은 무덤을 만들 수 없어 묘 위에 묘를 만들어 많게는 12층까지 쌓았다고 한다.

국립 마리오네트 극장 Národní Divadlo Marionet

마리오네트 인형극을 감상하고 싶다면. 마리오네트는 팔과 다리 등 관절에 달린 줄을 조종하여 인형을 움직이는 인형극으로 르네상스 시대부터 시작되었으며 체코, 오스트리아 등 동유럽 곳곳에서 상연하고 있다. 체코의 마리오네트는 300년 이상의 전통을 가지고 있으며, 1991년 개관한 국립 마리오네트 극장은 프라하에서 가장 오랜 역사를 자랑한다. 대표작은 모차르트의 오페라 〈돈 조반니 Don Giovanni〉이며, 〈마술피리 Magic Flute〉도 종종 선보인다. 티켓은 홈페이지나 공연예매사이트에서 예약하거나 극장 매표소, 관광안내소 등에서 구매할 수 있다. 좌석번호는 따로 지정되어 있지 않으니 원하는 자리에 선착순으로 앉으면 된다.

※공연은 약 2시간 동안 이어지는데, 줄거리를 모르면 지루하게 느껴질 수 있으니 대략적인 줄거리라도 알고 가는 것이 좋다.

※무대 앞쪽 정중앙에 앉으면 공연 중에 물벼락을 맞을 수 있으니 참고할 것!

구 글 맵	50.087719, 14.417692 P.138 B
홈 페 이 지	www.mozart.cz
운　　영	마술피리 18:00, 돈 조반니 20:00 (주 1~3회 상영)
관 람 료	돈 조반니 CZK590, 마술피리 CZK490
위　　치	구시가 광장에서 도보 4분 또는 메트로 A선 스타로메츠스카(Staroměstská)역에서 도보 3분

살아 숨쉬는듯 움직이는 인형들의 모습을 볼 수 있다.

©www.narodni-divadlo.cz

국립극장 Národní divadlo
전 국민의 모금으로 1881년 건축된 유서 깊은 극장. 개관 후 두 달도 안 되어 화재로 소실되었으나 모금으로 재건되어 1883년 다시 문을 열었다. 스메타나가 수석 지휘자, 드보르자크가 오케스트라 단원으로 재직했으며, 오페라·발레·연극 공연을 즐길 수 있다.

홈페이지 www.narodni-divadlo.cz/en / 요금 티켓 요금은 공연 별로 다름
위치 바츨라프 광장에서 도보 10분 또는 메트로 B선 나로드니 트리다(Národní třída)역에서 도보 5분 (MAP. 138 I)

©www.narodni-divadlo.cz

에스타테 극장 Stavovské divadlo
1783년에 문을 연 프라하에서 가장 오래된 극장으로 스타보브스케 극장이라고도 불린다. 1787년 10월 모차르트의 오페라 〈돈 조반니〉가 초연되어 명성을 얻었으며, 지금도 〈돈 조반니〉, 〈피가로의 결혼〉, 〈마술피리〉 등 다양한 오페라를 감상할 수 있다.

홈페이지 www.narodni-divadlo.cz/en / 요금 티켓 요금은 공연 별로 다름
위치 구시가 광장에서 도보 4분 (MAP. 139 G)

검은 성모의 집
Dům U Černé Matky Boží

독특한 디자인의 입체파 건물. 건축가 요제프 고차르
Josef Gočár 의 설계로 1912년 세워진 입체파 건물로 각진
창문, 연철을 이용한 출입구와 계단 난간 등 기하학적인 디자인이 돋보인다. 건물 모서리에 아이를 안은 검은 성모의 조각이 있어서 '검은 성모의 집'으로 불린다. 체코는 큐비즘 건축이 발달한 나라로, 이 건물은 유럽에서 가장 뛰어난 입체파 건물 중 하나로 꼽힌다. 검은 성모의 집 건물은 1922년까지 백화점으로 이용되었으며, 지금은 큐비즘 상설 전시가 열리는 큐비즘박물관과 프라하 장식박물관으로 이용되고 있다. 특히 독특한 형태의 계단을 따라 올라가면, 입체주의의 특징이 잘 드러나는 인테리어 카페인 그랜드 카페 오리엔트 Grand Cafe Orient (p.195)가 있다.

구 글 맵 50.086993, 14.425409 P.139 G
홈 페 이 지 큐비즘박물관 www.czkubismus.cz / 장식박물관 www.upm.cz
운   영 큐비즘 10:00~18:00(화~19:00) / 장식 10:00~18:00(화~20:00), 월요일 휴관
입 장 료 큐비즘 150CZK / 장식 300CZK (학생은 50%)
위   치 구시가 광장에서 도보 5분

입체주의=큐비즘 Cubism 이란?

입체주의는 큐비즘 Cubism 이라고 하며, 20세기 초 회화를 비롯해 건축, 조각, 공예, 디자인 등 많은 분야에 전파된 예술사조를 말한다. 1900년대 초 피카소와 브라크의 주도로 창시되었으며, 큐비즘이라는 명칭은 1908년에 마티스가 브라크의 풍경화 〈에스타크 풍경, (1892~1963)〉 연작을 보고 '퀴브(cube)' 입체 덩어리라고 말한 것에서 유래되었다. 큐비즘은 자연의 여러 가지 형태를 기본적인 기하학적 형상으로 재구성해 단순한 선과 각진 면 등을 이용해 입체감을 부여했다. 큐비즘 운동은 제1차대전으로 막을 내렸지만, 20세기 미술과 디자인, 건축에 많은 영향을 주었다. 큐비즘의 대표 화가로는 파블로 피카소 Pablo Picasso, 조르주 브라크 Georges Braque, 후안 그리스 Juan Gris 등이 있으며, 피카소의 〈아비뇽의 여인들, (1907)〉이 큐비즘 최초의 작품이다.

화약탑 Prašná brána

프라하를 대표하는 중세 고딕 양식의 건축물.

시민회관 비로 옆에 있는 후기 고딕 양식의 건축물로 1475년에 건축되었다. 중세 프라하의 성곽 출입문 역할을 했던 곳으로 프라하의 도심으로 통하는 13개의 성문 가운데 하나이다. 중세에는 왕들의 대관식 행렬이 구시가지로 들어오는 상징적인 입구이자, 쿠트나호라에서 생산된 은을 왕실의 보물창고로 운반하는 통로로 이용되었다. 지금도 프라하성으로 가는 대관식 행렬이나 왕의 행차가 이곳을 지난다. 18세기에 연금술사들의 화약창고 겸 연구실로 쓰이면서 화약탑으로 불리게 되었으며, 탑 내부에는 화약탑의 역사를 소개하는 작은 전시관과 구시가와 프라하성을 감상할 수 있는 전망대가 있다.

※페트린 전망대·카를교탑 등 여러 전망대에 방문할 예정이라면 통합권 Joint ticket을 구매하는 것이 더 저렴하다. (통합권 350CZK)

구 글 맵 50.087277, 14.427789 P.139 D
홈페이지 www.muzeumprahy.cz/prazske-veze
운 영 10:00~22:00 (3·10월 ~20:00, 11~2월 ~18:00)
입 장 료 일반 100CZK, 학생 70CZK
위 치 구시가 광장에서 도보 6분 시민회관 바로 옆.

시민회관
Obecní Dům

다양한 공연이 열리는 아름다운 건축물.

화약탑 옆에 있는 화려한 아르누보 양식의 건축물로 1905년부터 1911년까지 알폰스 무하를 비롯한 당대 최고의 아르누보 예술가가 대거 참여해 건물 내외부를 장식하였다. 특히 스테인드글라스로 장식된 유리 돔 천장이 있는 스메타나 홀에서는 음악축제인 '프라하의 봄'의 개막과 폐막공연이 열리고, 1918년 10월 28일 체코슬로바키아의 독립이 이곳에서 선포되기도 했다. 또한 프라하 심포니 오케스트라의 무대로도 이용되며 음악회, 연극·발레·오페라 등 다양한 공연이 열린다. 건물 내부는 가이드 투어로만 둘러볼 수 있으며 자세한 공연 일정은 홈페이지를 참고하자. 1층과 지하에는 아르누보 양식으로 아름답게 장식된 레스토랑과 카페, 바 등이 있다.

구 글 맵　50.087731, 14.427793　P.139 D
홈 페 이 지　www.obecnidum.cz
운　　　영　10:00~20:00
관 람 료　가이드 투어 일반 290CZK, 학생 240CZK
위　　　치　구시가 광장에서 도보 6분

무하 박물관
Muchovo muzeum (Mucha Museum)

무하의 삶과 예술을 엿볼 수 있는 곳. 아르누보 양식의 대표 화가인 무하의 삶과 자품을 소개하는 박물관으로 1998년 개관되었다. 알폰스 무하는 화려하고 독특한 장식 문양과 풍부한 색감으로 우아하고 매혹적인 여성을 묘사하는 포스터 아트의 대가로 알려져 있다. 박물관에서는 파리에서 머물렀던 시기인 1887~1904년의 작품을 주로 전시하고 있으며, 세계적인 명성을 가져다준 사라 베르나르의 포스터 〈지스몽다 Gismonda〉를 비롯해 회화, 드로잉, 조각, 사진, 개인 소장품 등 100여 점의 작품을 전시하고 있다. 무하의 삶과 작품에 관한 30분짜리 다큐멘터리도 볼 수 있다. 기념품숍에서는 엽서, 액자, 스카프 등 무하 작품의 문양을 담은 다양한 기념품을 살 수 있다.

구 글 맵 50.084380, 14.427583 P.139 H
홈 페 이 지 www.mucha.cz
운   영 10:00~18:00
입 장 료 일반 260CZK, 학생 180CZK
위   치 메트로 A·B선 무스텍(Můstek)역에서 도보 5분 바츨라프 광장 안쪽 골목 카우닌츠키 궁(Kaunickém paláci)에 위치.

알폰스 무하 Alphonse Mucha (1860~1939)

체코슬로바키아 출신의 화가 알폰스 무하는 오늘날 체코를 대표하는 아르누보 양식의 화가로 불린다. 무하는 19세기 말 파리에 머물며 미술아카데미에 다니던 중 생활비를 벌기 위해 잡지와 달력, 행사용 인쇄물, 포스터 등의 삽화를 그리게 된다. 그러다 당시 파리 최고의 인기 여배우였던 '사라 베르나르 Sarah Bernhardt'가 출연하는 연극 〈지스몽다 Gismonda〉의 포스터 제작을 계기로 명성을 떨치게 된다. 무하가 그린 포스터는 프랑스어로 새로운 미술을 뜻하는 '아르누보 Art Nouveau'로 불리며 유럽 전역으로 퍼져나갔고, 건축, 공예, 광고 등에도 영향을 끼쳤다. 체코 민족부흥 운동에 관심이 많던 무하는 1910년 고국으로 돌아와 민족주의 화가로 활동하며 슬라브 민족의 역사와 신화를 소재로 한 20점의 대형연작 〈슬라브 서사시 Slovanská epopej〉를 그렸다. 프라하에서 가장 유명한 성 비타 대성당의 스테인드글라스와 시민회관의 시장실도 무하의 작품이다.

하벨 시장
Havelské tržiště

프라하의 다양한 기념품을 모아 놓은 곳.

1232년부터 운영된 전통시장으로 평일에는 주로 신선한 과일과 채소를 판매하고 주말에는 전통 체코 기념품을 판매하는 노점이 들어선다. 규모는 크지 않지만 간편하게 먹을 수 있도록 과일을 담아 파는 노점을 비롯해 프라하의 풍경이 담긴 그림, 엽서, 자석, 마리오네트 인형, 크리스마스트리 장식, 액세서리, 천문시계가 그려진 장식품 등 다양한 기념품 등을 판매하는 노점이 있어 관광객들이 주로 찾는다. 가격대가 싸지는 않지만 소소한 기념품을 사기에는 괜찮은 편이다. 시장 입구에는 체코의 대표적인 빵인 뜨르들로를 판매하는 빵집이 있으니 출출할 때 한번 먹어보자. 뜨르들로는 밀대로 민 반죽을 기다란 봉에 감고 돌려가면서 불에 구운 빵으로 겉에 굵은 설탕이나 시나몬 등이 뿌려져 있다.

구 글 맵 50.084773, 14.420977 P.138 F
홈페이지 www.prague.eu/cs/objekt/mista/843/havelsky-trh
입 장 료 06:00~19:00
위   치 구시가 광장에서 도보 5분

분신 대학생들을 추모하는 십자가

국립박물관 Národní muzeum

체코의 다양한 자료를 전시해 놓은 곳. 체코에서 가장
큰 박물관으로 1818년 아름다운 네오 르네상스 양식으
로 건립되었다. 대규모 보수공사로 오랫동안 폐관되었다
가 2018년 10월 28일, 체코슬로바키아 공화국 건립 100주년을
기념해 다시 문을 열었다. 박물관에서는 민족학, 광물학, 지질학, 생물학, 식물학, 곤충
학, 동물학, 인류학, 음악, 역사, 연극, 체육, 교육 등 다양하고 방대한 분야의 자료를 전
시하고 있다. 국립박물관 옆에는 프라하 증권거래소, 라디오 방송국으로 사용되던 건
물을 개조해 문을 연 신국립박물관 Nová budova Národního muzea 이 있으며, 체코
의 역사를 소개하는 전시를 하고 있다. 박물관 바로 앞에는 프라하의 봄 당시, 얀 팔라
흐, 얀 자익 등 2명의 대학생이 분신한 자리에 추모 십자가가 놓여 있다.

구 글 맵 50.078965, 14.430920 P.101 L
홈페이지 www.nm.cz
운 영 10:00~18:00
입 장 료 일반 260CZK, 학생 170CZK (신국립박물관– 어른 100CZK, 학생 70CZK)
위 치 메트로 A·C선 무제움(Muzeum)역에서 도보 2분 바츨라프 광장 남쪽.

바츨라프 광장
Václavské náměstí

체코의 역사가 담겨 있는 곳. 넓은 대로가 길게 쭉 뻗어있는 바츨라프 광장은 프라하의 중심지로 1348년 카를 4세가 신도시를 개발하면서 조성되었다. 중세에는 말을 팔고 사는 시장이었던 곳으로, 지금은 은행, 호텔, 레스토랑, 쇼핑센터 등 다양한 시설들이 들어서 있다. 광장 이름은 체코의 상징이자 수호성인인 성 바츨라프의 이름에서 유래되었으며, 광장 끝 국립박물관 앞에는 성 바츨라프 기마 동상이 세워져 있다. 바츨라프 광장은 일명 혁명광장이라고도 불리는데 1968년 8월, 체코슬로바키아의 자유를 원했던 민주항쟁인 '프라하의 봄'과 소련군의 무력진압, 1989년 '벨벳 혁명' 등 체코 근현대사의 역사적인 사건이 발생한 무대로 체코인들에게는 광장으로서의 의미뿐만 아니라 자유와 혁명의 상징이기도 하다.

구 글 맵 50.081025, 14.427992 P.139 L
위　　치 메트로 A·C선 무제움(Muzeum)역 또는 A·B선 무스텍(Můstek)역에서 하차.
　　　　 또는 프라하 중앙역에서 도보 8분

성 바츨라프 Svatý Václav (907~935)

바츨라프 광장 끝의 국립박물관 앞에는 성 바츨라프 동상 Pomník Sv. Václava 이 세워져 있다. 체코인들은 성 바츨라프 (체코어로는 스바티 바츨라프 Svatý Václav)를 국가의 상징 이자 수호성인으로 여기고 있다. 바츨라프 1세 Václav I 는 921년 자신의 아버지였던 브라 티슬라프 1세가 사망한 뒤부터 보헤미아의 공작으로 즉위했으며, 보헤미아의 군주로서 왕국 을 안정적으로 발전시키고, 프라하를 대표하는 성 비타 대성당을 건립하는 등 기독교 전파에 힘썼다. 하지만, 935년 자신의 동생인 볼레슬라프와 그를 따르던 귀족세력의 손에 암살당해 비극적으로 생을 마감한다. 사후, 성인으로 추앙받기 시작했으며 그의 기일인 9월 28일은 성 바츨라프의 날이라는 이름의 공휴일로 지정되어 있다. 바츨라프는 크리스마스 캐럴 〈선 한 왕 바츨라프 Good King Wenceslas〉의 주인공이기도 하다.

프라하 중심에서 조금만 벗어나면 탁 트인 프라하의 풍경을 한눈에 담을 수 있는 또 다른 뷰포인트나 색다른 명소들이 있다. 프라하의 시내가 내려다보이는 언덕 위의 페트린 공원과 레트나 언덕, 석양이 아름다운 역사적 장소 비셰흐라드, 어린이 동반 가족 여행객들을 위한 프라하 동물원 등이다. 트램이나 대중교통으로 30분이면 닿을 수 있으니 일정이 여유롭다면 한번 가보자.

기타 볼거리

©www.prague.eu

페트린 공원 & 전망대
Petřínské sady & rozhledna

프라하 시민들의 휴식처. 프라하에서 가장 넓은 도심 녹지인 페트린 언덕에 자리한 시설로 스트라호프 수도원까지 이어져 있다. 시민들의 휴식 및 나들이 장소로 사랑받고 있는 페트린 언덕은 장미정원을 비롯해 2100그루의 과일나무가 심어진 정원 등으로 조성되어 있다. 페트린 전망대는 1891년 국제박람회를 기념하기 위해 파리 에펠탑을 본떠 작게 만든 63m의 전망대로 1953~1992년까지 TV 송신탑으로 사용되었다가 지금은 전망대로 사용되고 있다. 60m의 전망대에 오르면 아름다운 프라하 시가지와 프라하성을 조망할 수 있다. 전망대 주변에는 거울 미로 Petrin Mirror Maze, 붉은색의 성 로렌스 성당 등이 있다.

※페트린 공원 정상까지는 언덕길로 도보 25분 정도 소요되니 푸니쿨라를 이용하는 것이 편하다.

구 글 맵 50.083575, 14.395081 P.100 I
홈페이지 www.prague.eu
운   영 10:00~20:00(4~9월 ~22:00, 11~2월 ~18:00
입 장 료 전망대 : 일반 150CZK, 학생 80CZK, 통합권(전망대+거울 미로) : 210CZK
위   치 스트라호프 수도원에서 도보 15분. 또는 말라스트라나 지구의 우예즈드 Újezd 거리에서 푸니쿨라를 타거나 트램 22번을 타면 된다.

-페트린 푸니쿨라
Petřín Funicular

페트린 공원을 편하게 오르고 싶다면. 페트린 공원과 전망대를 오르는 등산열차로 3분이면 페트린 언덕에 도착한다. 푸니쿨라는 말라스트라나 지구의 우예즈드 Újezd 역을 출발해 중간역인 네보지제크 Nebozizek 역을 거쳐 정상인 페트린 Petřín 역까지 운행한다. 특히 중간역인 네보지제크 Nebozizek 역은 프라하의 시내를 내려다볼 수 있는 뷰포인트로 여기서 내려 전망대까지 오르면서 경치를 감상하는 것도 좋다. 네보지제크 역에는 프라하의 아름다운 경치를 감상하며 식사와 음료, 맥주 등을 즐길 수 있는 전망 좋은 카페와 레스토랑(p.192참조)이 있다.

※푸니쿨라는 프라하 24시간권, 72시간권으로도 무료 탑승할 수 있다. 종종 티켓 검사를 하니 무임승차는 절대 하지 않도록 하자.

구 글 맵	50.082672, 14.403827 P.100 J
홈 페 이 지	pid.cz/en
운　　　영	09:00~23:34(10~15분 간격 운행)
입 장 료	30분권 24CZK, 90분권 32CZK (학생은 50%)
위　　　치	트램 22번 우예즈드(Újezd)역에서 하차 후 언덕길로 도보 약 25분. 또는 푸니쿨라 이용.

댄싱 하우스
Tančící dům

독특한 외관이 인상적인 건물.

1996년 세계적인 건축가 프랭크 게리 Frank Gehry 와 블라도 밀루니치 Vlado Milunić 가 탄생시킨 작품으로 현대 프라하 건축물의 한 축을 이루는 건물로 평가된다. 1930년대 할리우드 뮤지컬 영화에 등장하는 유명 댄스 커플 진저 로저스 Ginger Rogers 와 프레드 아스테어 Fred Astair 가 왈츠를 추는 모습에서 영감을 받았으며, 왼편의 유리 건물이 여성, 오른편 건물이 남성이며 물결치는 외관은 춤출 때 흔들리는 드레스 자락을 표현했다고 한다. 건물은 사무실, 호텔, 레스토랑과 바 등으로 이용되고 있으며, 꼭대기에 자리한 글라스 바 Glass Bar 에서는 블타바강과 프라하성의 전경을 감상할 수 있다.

구 글 맵   50.075411, 14.414180 P.101 K
홈 페 이 지   www.galerietancicidum.cz
운   영   갤러리 09:00~20:00, 레스토랑·바 07:00~24:00 (매장별로 다름)
위   치   카를교에서 도보 10분 또는 메트로 B선 Karlovo Náměstí 역에서 도보 5분

레트나 공원 Letenské sady

블타바강 건너편 레트나 언덕에 자리한 공원으로 프라하 시민들의 휴식처로 많은 사랑을 받고 있다.
공원 내에는 아름다운 경치를 바라보며 맥주를 즐길 수 있는 야외 비어가든, 공연장, 테니스장 등이 마련되어 있다.

운영 비어가든 11:00~23:00 / 위치 트램 체후브 모스트(Čechův most)역에서 도보 10분 또는 구시가 광장에서 도보 20분
(MAP. 101C)

역사와 전설을 간직한 성터,
비쉐흐라드 Vyšehrad

비쉐흐라드 Vyšehrad

비쉐흐라드의 역사는 체코 건국신화에 등장하는 옛 성터로 프라하의 발전과 체코 국가의 역사와 밀접하게 연관되어 있다. 블타바 강변의 언덕 위에 자리한 비쉐흐라드는 10세기 중반에 축성된 성곽으로 1085년 보헤미아의 초대 왕으로 즉위한 브라티슬라오스 2세 Vratislav II가 머물던 왕궁이었으며, 신성로마제국과 보헤미아의 왕이었던 카를 4세 Karel IV 역시 비쉐흐라드를 매우 중요시했다. 지금은 성터만 남아있지만, 블타바강과 어우러진 멋진 풍광을 조망할 수 있는 뷰포인트로 많은 사랑을 받고 있다. 또한 성 내에 조각공원은 물론 고딕 양식의 성 베드로와 바울의 성당 Bazilika svatého Petra a Pavla, 드보르자크·스메타나·무하·카프카 등 체코 위인들이 잠들어 있는 비쉐흐라드 묘지 hřbitov Vyšehrad, 미술관 Galerie Vyšehrad, 옛 성주 거주지 Staré purkrabství 등이 조성되어 있다. 카를교에 원래 세워져 있던 원본 동상들을 보관하는 보관소 Kasematy a Gorlice 도 있다. 프라하 시내에서 살짝 떨어져 있지만, 관광객으로 붐비는 도심을 벗어나 한적하게 프라하의 아름다운 경치를 감상할 수 있으니 시간적 여유가 있다면 꼭 방문해보자. 성곽은 24시간 개방되며, 특히 석양이 질 무렵의 풍경이 가장 아름답다. 카메라에 다 담을 수 없는 아름다운 풍경을 눈에 담아보자.

구 글 맵	50.064439, 14.420029 P.81	
홈 페 이 지	비쉐흐라드 www.praha-vysehrad.cz, 묘지 www.hrbitovy.cz	
운 영	성곽 24시간, 묘지09:30~17:00 (계절별로 다름)	
요 금	성곽 무료, 옛 성주 거주지 80CZK~, 갤러리 20CZK	
위 치	메트로 C선 비쉐흐라드(Vyšehrad)역에서 도보 20분	

체코 음악의 아버지로 불리는 '스메타나'의 묘비

신세계 교향곡으로 유명한 '드보르자크'의 묘비

묘지 입구에 방문자를 위한 안내도가 설치되어 있다.

Vyšehrad

어린이를 동반한 가족 여행객을 위한 반나절 투어
신기한 동물들로 가득한!

프라하 동물원 Zoo Praha

프라하 구시가에서 약 10km 정도 떨어진 곳에 있는 동물원으로 1931년부터 일반에 공개되기 시작했다. 프라하 동물원은 어린이를 동반한 가족 여행객들에게 많은 사랑을 받고 있는 명소로 2015년에는 트립어드바이저 Tripadvisor 선정 세계 4대 동물원 중 하나로 꼽히기도 했다. 우리나라 동물원과 비슷하지만, 우리나라에서 보기 힘든 희귀하고 다양한 동물을 만날 수 있으며, 자연과 가깝게 꾸며진 공간 안에 서식하는 동물들을 가까이서 만날 수 있어 관람보다는 체험의 느낌이 더 강하게 느껴진다. 인도네시아 정글, 아프리카 하우스, 고릴라 파빌리온, 고양이 관, 코끼리 밸리, 히포 파빌리온 등 여러 동물을 만날 수 있는 전시관이 마련되어 있으며, 특히 숲으로 우거진 열대우림 한가운데에 들어와 있는 듯한 느낌의 인도네시아 정글에서는 머리 위로 날아다니는 박쥐를 만나는 체험을 즐길 수도 있다. 또한 어린이를 동반한 가족 여행객을 위한 휴식과 놀이 공간인 보로로 리저브 (Bororo Reserve)도 마련되어 있다.

※동물원 규모가 워낙 커서 이곳저곳 둘러보려면 4시간 이상 소요되니 되도록 편한 신발을 신고 가도록 하자.

※입구의 안내소에서 판매하는 유료 지도를 참고하면 동물원을 둘러보기가 더 수월하다.

※동물원 내 음식이나 음료의 가격대는 비싸지 않고 시중과 비슷하니 참고할 것!

구 글 맵	50.117887, 14.405875 P.80	
홈 페 이 지	www.zoopraha.cz/en	
운 영	09:00~18:00 (6~8월 ~21:00, 11~2월 ~ 16:00, 3월 ~17:00)	
요 금	일반 200CZK, 학생 150CZK	
위 치	메트로 C선 나드라지 홀레쇼비체(Nádraží Holešovice)역에서 112번 버스로 약 10분 소요.	

Nejužší pražská ulička

한 명이 겨우 지나갈 정도로 좁은 골목에 설치된 신호등

Cafe & Restaurant

맥주의 나라 체코에서 누리는 행복,
프라하 베스트 펍!

체코의 맥주

체코 여행에서 빼놓을 수 없는 즐거움은 바로 맥주! 체코는 전 세계에서 1인당 맥주 소비량이 가장 많은 나라로 다양한 맥주를 즐길 수 있는데, 그중에서도 체코를 대표하는 라거 맥주인 필스너 우르켈을 비롯해 체코 No. 1 흑맥주인 코젤 다크, 달콤한 몰트와 홉의 쓴맛이 조화를 이루는 부드바르가 가장 유명하다. 체코어로 맥주는 피보 Pivo, 피보바르 Pivovar 라고 적힌 곳이 양조장을 의미한다. 보통 양조장이나 바에서만 생맥주를 즐길 수 있지만, 체코에서는 일반 레스토랑과 카페 등에서 생맥주를 즐길 수 있는 곳이 많으니 여정 틈틈이 즐겨보자.

필스너 우르켈 Pilsner Urquell

1842년 체코의 플젠(Plzen)지방에서 만들어진 맥주로 밝고 투명한 황금색 빛깔로 깔끔한 뒷맛에서 느껴지는 고급스러운 홉의 쓴맛이 특징이다. 필스너 우르켈은 '오리지널(원조) 필스너 맥주'라는 뜻. 플젠에는 체코에서 가장 큰 필스너 우르켈 양조장이 있으며 양조장 견학은 물론 맥주 시음을 체험할 수 있다.

부데요비츠키 부드바르 Budejovicky Budvar

1785년 체코의 체스케 부데요비체(České Budějovice)지방에서 양조되는 맥주로 체코에서 필스너 우르켈 다음으로 인기 있는 필스너 맥주이다. 미국의 버드와이저와 이름이 비슷해 오랫동안 상표권 분쟁을 겪었으며, 현재 유럽에서는 버드와이저 부드바르(Budweiser Budvar) 혹은 부데요비츠키 부드바르(Budejovicky Budvar)로 판매되고 있다. 엷은 황금색으로 풍부한 거품과 쌉싸름한 맛이 특징이다.

코젤 다크 Velkopopovicky Kozel Dark

체코의 가장 많이 즐기는 No.1 흑맥주로 커피 향과 캐러멜 향을 느낄 수 있는 달콤 쌉싸름한 맛이 특징이다. '코젤'은 체코어로 '염소'라는 뜻. 1874년에 프라하 북동쪽 작은 염소마을 벨케 포포비체(Velké Popovice) 지방에서 만들어졌으며 부드러운 목 넘김을 자랑한다.

프라하 레스토랑·펍 알고 즐기자!

1. 세상에 공짜는 없다! 테이블 위에 놓인 프레첼이나 봉지 과자, 식전 빵, 물 등은 물론 입장 시 제공하는 음료나 술 등은 공짜가 아니니 원하지 않는다면 손대지 않는 것이 좋다. 무심코 먹었다가 영수증에 비용이 청구된다. 일부 레스토랑에서는 관광객을 대상으로 주문하지 않은 메뉴를 영수증에 추가하는 등 바가지요금을 청구하는 사례도 있으니, 계산 시 영수증을 잘 살펴보도록 하자.

2. 체코의 펍이나 레스토랑에서 많이 즐기는 꼴레뇨 , 바비큐 립 등의 고기 메뉴는 생각보다 양이 많은 편이라 남기는 경우가 많다. 보통 2~3인분 정도의 양이니, 메뉴판에 표기된 중량 g을 확인하고 주문하거나, 인원수보다 적게 주문해 맥주와 함께 즐기는 것이 좋다.

3. 체코의 레스토랑, 바, 카페 등에서 팁은 의무이다. 보통 이용금액의 10% 정도의 팁을 남기는 것이 일반적이며, 영수증에 아예 팁이 포함되어 나올 때도 있다. 일부 식당에서 해외 관광객을 대상으로 추가 팁을 요구하는 사례도 있지만, 10% 정도를 이미 주었다면 더 주지 않아도 된다.

4. 유럽의 공중화장실은 대부분 유료이며, 레스토랑이나 펍, 카페 등에 딸린 화장실도 유료인 경우가 있다. 화장실 이용 시 보통 10~20CZK 정도의 이용료를 내야 하니 동전을 미리미리 준비해 두는 것이 좋다.

가게 앞에 큰 시계 장식이 있다.

우 플레쿠 Restaurace U Fleků

500년 역사의 양조장에서 즐기는 흑맥주.

1499년에 지은 양조장으로 전 세계 여행자들이 찾는다. 500년 동안 양조를 멈춘 적이 없는 중부 유럽의 유일한 맥주 양조장으로 공산주의 체제일 때도 문을 닫지 않고 국영으로 운영되었으며, 공산주의 체제가 붕괴한 이후 1991년 원래의 가문에서 양조장과 식당을 되찾아 운영할 정도로 유서 깊은 곳이다. 특히 이곳에서는 직접 양조한 독특한 맛의 흑맥주를 즐길 수 있는데 알코올 도수가 13도나 되지만 향이 좋고 부드러워 먹기에 부담스럽지 않다. 맥주는 주문하지 않아도 방문한 인원수대로 알아서 주문이 들어가는 시스템이며, 와자지껄한 분위기의 펍이니 친절한 레스토랑의 서비스는 기대하지 않는 것이 좋다. 한국에서 왔다고 하면 아코디언 연주자가 아리랑을 연주해 주기도 한다.

구 글 맵	50.078850, 14.416958 P.101 K
홈 페 이 지	ufleku.cz
운　　 영	10:00~23:00
예　　 산	맥주 50CZK~, 메인요리 220CZK~, 입장 시 작은 잔에 주는 술은 유료.
위　　 치	메트로 B선 나로드니 트리다(Národní třída)역에서 도보 10분

우 메드비쿠 U Medvídků

프라하에서 가장 오래된 양조장. 1466년부터 맥주를 만들어온 프라하에서 가장 크고 오래된 맥주 양조장으로 300석이 넘는 좌석이 마련되어 있다. 바츨라프 광장 근처에 자리하고 있어 접근성이 좋은 데다 부드바르 Budvar 생맥주와 꼴레뇨 , 슈니첼, 굴라시 등 체코 전통요리를 즐길 수 있어 프라하 시민은 물론 전 세계의 관광객들이 많이 찾는다. 특히 이곳에서는 오크통에서 30주 동안 숙성시켜 만든 세계에서 가장 높은 도수의 맥주 'XBEER-33'(알코올 도수 12.6)도 맛볼 수 있다. 우리나라 KBS 다큐멘터리 〈백 년의 가게〉에 소개된 적도 있다. 워낙 명성이 높은 곳이라 관련 기념품을 판매하는 숍도 있으며, 맥주 바와 레스토랑, 호텔 등을 함께 운영하고 있다.

구 글 맵   50.082846, 14.418713 P.138 J
홈페이지   www.umedvidku.cz
운   영   11:30~23:00
예   산   맥주 45CZK~, 메인요리 200CZK~
위   치   메트로 B선 나로드니 트리다(Národní třída)역에서 도보 3분
         바츨라프 광장에서 도보 5분

우 글라우비추 Restaurant U Glaubiců

맛있는 립과 맥주를 즐기고 싶다면. 프라하성 근처의 성 미쿨라셰 성당에 인접한 레스토랑 겸 펍으로 1520년에 지어진 역사적인 건물 안에 자리하고 있다. 맥주는 코젤 다크, 필스너 우르켈 등을 즐길 수 있으며 안주 및 식사류로는 바비큐 립이 가장 인기 있고, 스비치코바, 슈니첼, 타르타르 등도 즐길 수 있다. 카를교에서 프라하성으로 오르는 길목에 자리 잡고 있어 근처를 오가는 관광객들이 많이 찾으며, 특히 우리나라 TV 프로그램 〈짠내투어〉에도 소개된 적이 있어 한국인 관광객도 많이 찾는다. 양도 푸짐하고 다른 레스토랑에 비해 가격대도 저렴한 편이다. 양이 무척 많으니 맥주를 곁들인다면 메뉴는 2인당 1개를 주문하는 것이 좋다. 사람이 많아 대기는 필수이다.

구 글 맵	50.087663, 14.403540 P.100 F
홈 페 이 지	www.restaurantuglaubicu.cz
운 영	10:30~23:00
예 산	맥주 36CZK~, 메인요리 200CZK~
위 치	프라하성에서 도보 10분. 또는 트램 22번 말로스트란스케 나메스티 (Malostranské náměstí)역에서 도보 1분

189

포트레페나 후사 Potrefená Husa Hybernská

프라하 중앙역 근처에 있는 레스토랑 겸 펍으로 2008년 문을 열었다. 부드러운 벨벳 맥주와 부드러운 체코식 족발인 꼴레뇨 를
즐길 수 있으며, 파스타, 타르타르, 립, 스테이크 등도 인기 있다. 한국인 여행객들도 많이 찾는다.
구글맵 50.087133, 14.432142 / 홈페이지 www.potrefena-husa.eu / 운영 11:00~24:00(금·토~25:00, 일·월~23:00)
예산 맥주 40CZK~, 메인메뉴 150CZK~ / 위치 프라하 중앙역에서 도보 8분 (MAP.101 H)

콜코브나 사바린 Kolkovna Savarin

프라하 시내에 여러 개의 매장을 두고 있는 인기 레스토랑 체인점. 소고기와 빵을 소스에 찍어 먹는 스비치코바, 슈니첼,
타르타르, 소시지 등 맛있는 체코 전통요리와 필스너 우르켈, 코젤 흑맥주를 즐길 수 있다. 가격대도 저렴하고 바가지요금을
청구하는 사례도 없어 평이 괜찮은 편이다.
구글맵 50.084295, 14.425862 / 홈페이지 www.kolkovna.cz / 운영 11:00~24:00
예산 40CZK~, 메인요리 150CZK~ / 위치 프라하 중앙역에서 도보 12분 (MAP.139 G)

코즐로브나 Kozlovna Apropos

체코 내 흑맥주 판매량 1위인 코젤 다크를 생맥주로 즐길 수 있는 코젤 맥주 직영점으로 한국인 여행객들도 많이 찾는다. 목 넘김이 부드러운 다크는 물론 라이트, 필스너 우르켈도 즐길 수 있다. 안주 및 식사류로는 체코 전통음식인 꼴레뇨와 스비치코바, 육회인 타르타르가 인기 있다.

구글맵 50.087307, 14.415236 / 홈페이지 www.kozlovna-apropos.cz / 운영 11:00~23:30(금~24:30)
예산 맥주 40CZK~, 메인요리 200CZK~ / 위치 구시가 광장에서 도보 7분 (MAP.138 A)

브레도브스키 드부르 Restaurace Bredovský Dvůr

바츨라프 광장 근처에 있는 레스토랑으로 프라하의 현지인들이 많이 찾는다. 꼴레뇨와 바비큐 립, 타르타르 등 맛있는 체코 전통음식과 맥주를 즐길 수 있다. 한국인 관광객들도 많이 찾으며, 간단한 한국어 소통도 가능하다. 한글 메뉴판도 있다.

구글맵 50.082541, 14.430077 / 홈페이지 www.restauracebredovskydvur.cz / 운영 11:00~24:00
예산 맥주 50CZK~, 메인요리 200CZK~ / 위치 프라하 중앙역에서 도보 5분 메트로 A·C선 무제움(Muzeum)역에서 도보 5분 (MAP.139 L)

우 베이보두 U Vejvodů

17세기에 문을 연 펍으로 꼴레뇨는 물론 체코의 대표 맥주인 필스너 우르켈과 부드러운 목 넘김의 코젤 다크를 맛볼 수 있다. 예전에는 많은 이들이 찾는 프라하의 인기 펍 중 하나였으나, 안타깝게도 해외 관광객을 대상으로 과도한 바가지요금을 청구하는 사례가 많아지면서 평판이 좋지는 않다.

구글맵 50.084277, 14.418825 / 홈페이지 www.restauraceuvejvodu.cz / 운영 10:00~03:00 (MAP.138 F·J)
예산 맥주 50CZK~, 메인요리 200CZK~ / 위치 구시가 광장에서 도보 5분 메트로 A·B선 무스텍(Můstek)역에서 도보 7분

레스토랑 네보지제크 Restaurant Nebozizek

페트린 언덕에 자리한 전망 좋은 레스토랑으로 언덕 위에 위치해 프라하성과 카를 다리가 한눈에 내려다보인다. 특히 클린턴 대통령이 다녀간 곳으로도 유명하며, 프라하의 야경을 감상하기에 좋다. 체코의 다양한 전통음식과 맥주, 음료 등을 즐길 수 있다.

구글맵 50.082017, 14.398850 / 홈페이지 www.nebozizek.cz / 운영 11:00~23:00 (MAP.100 I)
예산 맥주 60CZK~, 커피 80CZK~, 메인요리 300CZK~ / 위치 페트린 공원 푸니쿨라 네보지제크(Nebozizek)역에서 도보 1분

야미 스시 하우스 Yami Sushi House

한식이 그립다면 이곳으로. 구시가 광장 근처에 있는 아시안 레스토랑으로 이름은 스시 하우스이지만 한국인 여행자들 사이에서 김치찌개가 맛있기로 소문난 집이다. 메뉴는 스시, 롤, 사시미, 우동, 튀김 등 기본적인 일식 메뉴와 김치찌개, 불고기 등 다양한 메뉴를 즐길 수 있어 유럽에 거주 중인 유학생이나 한식과 국물음식이 그리운 장기여행객, 아시안 음식을 사랑하는 외국인들이 많이 찾는다. 그중에서도 김치찌개는 우리 돈으로 약 2만 원에 가까운 비싼 가격대이지만, 제대로 된 한식을 즐기기 힘든 동유럽에서 이 정도 맛과 퀄리티라면 전혀 아깝지가 않을 정도라는 평을 얻고 있다. 빵과 고기에 지쳤거나 뜨끈하고 매콤한 한식이 그리워질 때쯤 한번 방문해보자.

구글맵	50.089437, 14.423568 P.139 C
홈페이지	www.yami.cz
운 영	12:00~23:00
예 산	김치찌개 400CZK~
위 치	구시가 광장에서 도보 5분

묵뚱-베트남 레스토랑 Muc Dong - Vietnamese Restaurant

프라하 구시가 광장 근처에 자리한 베트남 음식점으로 세련되고 깔끔한 실내에서 다양한 베트남 음식을 즐길 수 있다.
쌀국수, 분짜를 비롯해 육류, 해산물 등 신선한 재료를 이용한 다양한 메뉴를 선보인다. 느끼한 서양 음식이 지겹다면,
뜨끈한 국물이 그립다면 이곳으로 가보자.

구글맵 50.087770, 14.415379 / 홈페이지 mucdong.cz / 운영 10:00~23:00
예산 쌀국수 160CZK~ / 위치 구시가 광장에서 도보 8분 (MAP.138 A)

우 모드레 카츠니키 2호점 U Modré KachničkyII

다양한 체코 전통요리를 즐길 수 있는 고급 레스토랑으로 1호점은 카를교 건너편에 있고, 2호점은 구시가 광장 근처에 있다.
구시가에 있는 2호점은 앤틱 가구와 그림 등으로 고풍스럽게 장식되어 있으며, 소고기, 오리고기, 사슴 고기, 토끼 고기 등
다양한 육류요리와 와인을 즐길 수 있다.

구글맵 50.085490, 14.420060 / 홈페이지 www.umodrekachnicky.cz / 운영 11:30~23:30
예산 메인요리 400CZK~ / 위치 구시가 광장에서 도보 3분 (MAP.138 F)

카페 루브르 Café Louvre

프란츠 카프카, 아인슈타인, 카렐 차페크 등 유명인들을 비롯해 철학자, 심리학자, 교수 등 당시 프라하 지식인들이
자주 찾던 카페로 1902년 문을 열었다. 고풍스러운 실내 인테리어가 돋보인다. 아침부터 저녁까지 다양한 식사메뉴와 차,
음료, 디저트 등을 즐길 수 있다.
구글맵 50.082071, 14.418620 / 홈페이지 www.cafelouvre.cz / 운영 08:00~23:30(토·일 09:00~)
예산 음료류 50CZK~, 식사류 150CZK~ / 위치 구시가 광장에서 도보 8분 (MAP.138 J)

그랜드 카페 오리엔트 Grand Café Orient

유럽에서 가장 뛰어난 입체주의 건축물 중의 하나인 '검은 성모의 집 (p.161)' 2층에 위치한 카페로 1층에서 2층으로
오르는 계단의 형태가 매우 이색적이다. 샹들리에, 소파, 창문 등 입체주의를 보여주는 내부 인테리어도 독특하다.
커피, 디저트를 비롯해 샐러드, 샌드위치 등 간단한 식사류를 즐길 수 있다.
구글맵 50.087033, 14.425535 / 홈페이지 www.grandcafeorient.cz / 운영 09:00~22:00(토·일 10:00~)
예산 음료류 50CZK~, 케이크 80CZK~, 식사류 150CZK~ / 위치 구시가 광장에서 도보 3분 (MAP.139 G)

카바르나 루체르나 Kavárna Lucerna

바츨라프 광장 근처 쇼핑센터 안에 자리한 카페로 거꾸로 된 말 동상이 있는 곳으로 유명하다. 조각가 다비드 체르니의 작품으로
원래 중앙우체국에 전시되었으나 너무 파격적이라는 이유로 이곳으로 옮겨졌다. 창가 석에 앉으면 거꾸로 된 말 조각이 보인다.
커피 등 다양한 음료와 케이크, 타르트, 맥주 등을 즐길 수 있다.
구글맵 50.081240, 14.425752 / 홈페이지 www.restaurace-monarchie.cz / 운영 10:00~24:00
예산 음료류 50CZK~ / 위치 바츨라프 광장 근처 루체르나(Lucerna) 쇼핑센터 2층. (MAP.139 K)

추크르카바리모나다 Cukrkávalimonáda

존 레넌 벽 근처에 위치한 카페 겸 레스토랑으로 매일 새롭게 굽는 다양한 베이커리와 아침 식사, 디저트, 커피, 음료 등을
즐길 수 있다. 주요 메뉴로는 파스타, 샐러드, 오믈렛, 케이크, 마카롱 등과 신선한 과일음료 등이 있다.
구글맵 50.086580, 14.405493 / 홈페이지 cukrkavalimonada.com/ / 운영 09:00~19:00
예산 음료류 50CZK~, 파스타 150CZK~ / 위치 존 레넌 벽에서 도보 1분 (MAP.100 F)

Shopping

블루 프라하 Blue Praha

마누팍투라와 더불어 인기인 프라하의 대표 기념품점으로 다양한 제품을 만날 수 있다. 세계적으로도 인정받는 체코의 크리스털 제품을 비롯해 디자인 티셔츠, 프라하가 그려진 자석, 책갈피 등을 판매하고 있다. 프라하 구시가와 카를교 근처 이외에 공항에도 지점을 두고 있다.

홈페이지 www.bluepraha.cz / 운영 11:00~20:00 / 위치 천문시계에서 카를교 방면. (MAP.138 F)

마누팍투라 Manufaktura

한국에서는 구할 수 없어 더 인기인 체코 유기농 화장품 브랜드로 천연재료로 만든 맥주 립밤과 와인 핸드크림, 사해 소금, 수분 크림등이 선물용으로 인기다. 처음에는 프라하의 전통 공예품을 만들다가 지금은 욕실제품, 화장품까지 영역을 넓혔다. 프라하 시내 곳곳에 10개의 지점을 두고 있다.

홈페이지 www.manufactura.cz/en / 운영 09:00~21:00(목·금·토 ~22:00) / 위치 구시가 광장에서 도보 4분 (MAP.138 E·F

보타니쿠스 Botanicus – Ungelt

보타니쿠스는 유기농으로 재배한 식물과 허브, 과일, 채소를 이용해 전통방식으로 제작한 화장품을 판매하는 브랜드. 일명 전지현 오일로 불리는 장미 에센스 오일 Facial Regeneration Oil with Rose가 가장 유명하며 수제비누도 인기품목.
홈페이지 www.botanicus.cz / 운영 10:00~20:00, 1/1~2, 12/25일 휴무 / 구시가 광장에서 도보 3분 (MAP.139 C)

스와로브스키 Swarovski

오스트리아 고급 쥬얼리 브랜드로 유명한 스와로브스키는 체코의 유리세공 기술자였던 다니엘 스와로브스키가 1895년 오스트리아 와튼스에 자신의 이름을 딴 크리스털 제조 회사를 설립한 것이 시초다. 귀걸이, 목걸이, 시계 등 장식품부터 패션 제품에 이르기까지 다양한 크리스털 제품을 만날 수 있다. 구시가 곳곳에 매장을 두고 있다.
홈페이지 www.swarovski.com / 운영 11:00~20:00 / 위치 카를교 근처. (MAP.138 F)

테스코 마이 Tesco My

구시가에 위치한 쇼핑몰 겸 대형마트로 의류 잡화, 기념품 등과 식료품을 사기에 좋다.
특히 지하 마트에서는 물, 음료, 과자, 빵, 과일, 치즈 등 다양한 식료품 쇼핑을 저렴한 가격에 즐길 수 있어
장기여행객들이나 숙소가 가까운 한국인 여행객들이 많이 찾는다.

홈페이지 itesco.cz / 운영 07:00~21:00 / 위치 메트로 B선 나로드니 트리다(Národní třída)역과 연결. (MAP.138 J)

브 운겔트 V UNGELTU

체코를 대표하는 기념품 중 하나인 마리오네트 인형을 살 수 있는 곳. 팔다리만 움직이는 간단한 구조의 인형에서부터
정교한 움직임이 가능한 인형까지 다양한 표정의 인형이 전시되어 있다. 매장 입구에는 빗자루를 들고 있는 인형이 손님을
받기고 있다. 목재 장난감도 판매한다.

운영 10:00~20:00 / 위치 구시가 광장에서 도보 3분. (MAP.139 C)

Around
Praha

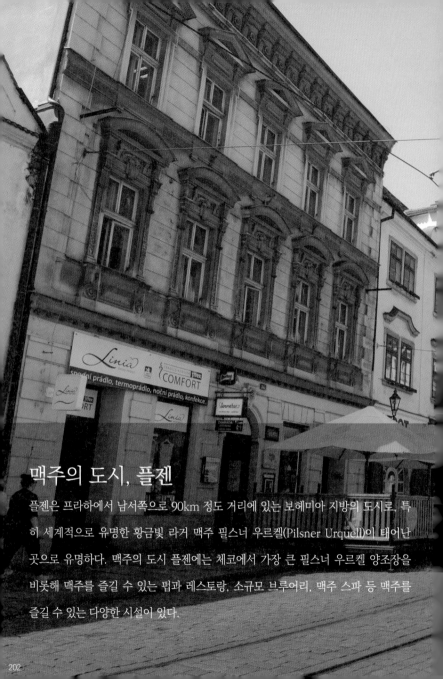

맥주의 도시, 플젠

플젠은 프라하에서 남서쪽으로 90km 정도 거리에 있는 보헤미아 지방의 도시로, 특히 세계적으로 유명한 황금빛 라거 맥주 필스너 우르켈(Pilsner Urquell)이 태어난 곳으로 유명하다. 맥주의 도시 플젠에는 체코에서 가장 큰 필스너 우르켈 양조장을 비롯해 맥주를 즐길 수 있는 펍과 레스토랑, 소규모 브루어리, 맥주 스파 등 맥주를 즐길 수 있는 다양한 시설이 있다.

Plzeň

P.210
플젠 지하 역사박물관
Plzeňské historické podzemí

나 파르카누
Na Parkánu
P.215

우 살즈만누
U Salzmannů
P.215

레푸블리키 광장 & 성 바르톨로메우 성당
Náměstí Republiky & Katedrála sv. Bartoloměje
P.208

플젠 마리오네트 박물관
Muzeum loutek Plzeň
P.210

필스너 우르켈 양조장
Plzeňský Prazdroj
P.212

나 스필체
Na Spilce
P.215

필스너 우르켈 양조장 입구

플젠 중앙역
Plzeň Hlavní Nádraží

Plzeň

플젠 여행의 기술

플젠 여행하기

플젠 여행의 하이라이트는 바로 필스너 우르켈 양조장 방문! 커다란 볼거리는 별로 없지만, 체코에서 가장 큰 필스너 우르켈 양조장이 있어 맥주 마니아들이 많이 찾는다. 맥주 양조장 이외에 레푸블리키 광장 주변의 볼거리는 1시간이면 충분히 둘러볼 수 있지만, 느긋한 여행을 원하거나 맥주의 매력에 흠뻑 빠지고 싶다면 1박 이상 머물러보자.

플젠 관광청 www.pilsen.eu/tourist

관광안내소 INFOCENTRUM

플젠 관광안내소는 중앙광장인 레푸블리키 광장 Náměstí Republiky 에 있다. 플젠 관광 안내 및 무료지도 제공, 교통안내 등의 서비스를 제공한다. 프라하행 버스나 열차 정보도 얻을 수 있다.

레푸블리키 광장 관광안내소

운　　영　09:00~19:00 (10~3월 ~18:00)
위　　치　시청사 옆 레푸블리키 광장 Náměstí Republiky 내

플젠 시청사　　　　　　　　　　　　레푸블리키 광장 관광안내소

프라하에서 남서쪽으로 90km 정도 떨어진 플젠은 프라하에서 버스나 기차로 약 1시간이 면 닿을 수 있다. 소요시간은 비슷하니 기차와 버스 중 편리한 수단을 이용하자.

버스

프라하-플젠 구간은 '스튜던트 에이전시'와 '플릭스 버스'를 이용해 갈 수 있다. 플젠 버스터미널에 서 플젠의 볼거리가 모여 있는 레푸블리키 광장이나 필스너 우르켈 양조장까지는 도보 15분 정도 또는 트램으로 5분 정도 소요된다.

-스튜던트 에이전시 Student Agency

메트로 B선 스토둘키 (Stodůlky) 역에 있는 버스정류장에서 플젠으로 가는 버스가 출발한다. 티켓 은 홈페이지에서 예약할 수 있다.

홈페이지 www.regiojet.com
운   행 07:00~20:00 (60분 간격 운행)
요   금 99CZK
소요시간 약 1시간.

-플릭스 버스 FLIXBUS

메트로 B선 스토둘키 (Stodůlky) 역에 있는 버스정류장과 메트로 B·C선 플로렌츠 (Florenc) 역에 있는 플로렌츠 터미널 (Praha ÚAN Florenc), 프라하 중앙역 (Praha hl.n.) 버스정류장 등에서 버 스를 탈 수 있다. 단, 출발지별로 배차시간이 많이 차이나니 티켓 예매 시 시각을 잘 확인하는 것이 좋다. 티켓은 홈페이지에서 예약할 수 있다.

홈페이지 global.flixbus.com
운   행 07:50~24:10 (60~120분 간격 운행. 출발지별로 다름)
요   금 49~133CZK (탑승위치 및 출발시간대에 따라 다름)
소요시간 약 50~100분

기차

프라하 중앙역 (Praha hl.n.)에서 플젠행 기차를 이용하면 된다. 플젠 중앙역 (Plzeň hl.n.)에서 필스 너 우르켈 양조장까지 도보 10분 정도 소요되며, 레푸블리카 광장까지는 도보 15분 정도 소요된다.

홈페이지 기차운행 조회 www.idos.cz
소요시간 약 1시간 30분

※플젠 내 이동
플젠의 버스터미널에서 볼거리가 모여 있는 레푸블리키 광장까지는 도보로 15분 또는 트램으로 5분 정도 소요된다. 터미널과 광장을 오갈 때는 2번 트램을 이용하면 된다. 트램 티켓은 환승불가 1회권과 30·60·180분·24시간권 등 유효시간 내 환승가능 1회권으로 크게 나뉘며, 트램 정류장에 설치된 자동판매기나 운전사에게 구매할 수 있다. 티켓 사용 시 트램 내 개찰기에 넣어 각인해야 한다.

플젠 교통국 www.pmdp.eu
티켓요금 환승불가 1회권 18CZK(운전사 구매 시 30CZK), 환승가능 24시간권 60CZK

레푸블리키 광장 & 성 바르톨로메우 성당
Náměstí Republiky & Katedrála sv. Bartoloměje

플젠 여행의 시작점. 플젠의 중앙광장인 레푸블리키 광장에는 르네상스 양식의 시청사와 관광안내소, 페스트 기념탑, 작은 분수대 등이 자리하고 있으며, 거리축제와 이벤트가 종종 열린다. 매주 토요일 오전에는 신선한 채소와 치즈, 육류 등을 판매하는 시장이 열리고, 크리스마스 시즌에는 크리스마스 마켓이 들어선다. 광장 중앙에는 고딕 양식의 성 바르톨로메우 성당이 자리하고 있다. 고딕 양식의 성 바르톨로메우 성당은 14~15세기에 지어졌으며, 원래 정면에 2개의 탑이 건축될 예정이었으나 북쪽의 탑만 건축되었다. 성당 내부에는 14세기 후반 건립된 체코에서 가장 귀한 고딕 기념물 중 하나인 〈플젠의 마돈나〉, 〈아름다운 마돈나〉로 불리는 성모 마리아 조각이 있다. 플젠의 구시가 풍경을 내려다볼 수 있는 탑도 운영되고 있다. 교회 옆에는 마리아 페스트 기념탑이 있다.

구 글 맵 49.747480, 13.377556 `P.204`
홈 페 이 지 nove.katedralaplzen.org
위   치 플젠 버스터미널 또는 플젠 중앙역에서 도보 15분

플젠 마리오네트 박물관 Muzeum loutek Plzeň

팔다리 등 관절에 달린 줄을 조종해 움직이는 인형인 마리오네트를 전시해 놓은 박물관. 다채로운 표정의 다양한 캐릭터와 형형색색의 의상으로 장식된 마리오네트 인형이 전시되어 있다. 직접 인형을 움직여볼 수도 있어 어린이들도 좋아한다.

홈페이지 www.muzeum-loutek.cz / 운영 10:00~18:00, 월요일 휴관 / 요금 일반 60CZK, 학생 30CZK
위치 레푸블리키 광장에서 도보 2분 (MAP. 204)

플젠 지하 역사박물관 Plzeňské historické podzemí

14세기부터 플젠에서는 지하 공간을 저장고로 주로 사용하였으며 플젠의 오래된 건물에는 이러한 지하 공간이 있다.
지하 역사박물관에서는 중세시대 시민들이 지하 공간을 어떻게 사용했는지 보여주는 가이드 투어를 운영하고 있다.
투어에는 맥주 시음도 포함되어 있다.

홈페이지 www.plzenskepodzemi.cz / 영어 가이드 투어 운영- 평일 14:20, 주말 11:20, 14:20, 15:20 (하루 1~3회 운영)
투어요금-일반 120CZK, 학생 80CZK (약 50분 소요) / 위치 레푸블리키 광장에서 도보 4분 (MAP. 204)

SPECIAL THEME TRAVEL

체코 최대의 필스너 우르켈 양조장에서 맥주의 매력에
흠뻑 빠져보자.

플젠 여행의 하이라이트!

필스너 우르켈 양조장 Plzeňský Prazdroj

양조장에서 만들어진 신선한? 맥주를 맛보는 경험은 맥주 애호가라면 절대 놓칠 수 없는
즐거움이다. 1842년 필스너 우르켈이 태어난 본고장인 플젠에는 체코 최대규모의 필스너
우르켈 양조장이 있다. 이곳을 찾기 위해 플젠 여행을 계획했다고 해도 과언이 아닐 정도
로 필스너 우르켈 양조장 투어는 플젠 여행에서 절대 빼놓을 수 없는 필수 코스다. 양조장
내부는 가이드 투어를 통해 둘러볼 수 있으며, 약 100분에 걸쳐 필스너 맥주의 역사와 맥
주 제조에 필요한 원재료를 살펴보고, 과거 양조장 시설부터 시간당 120,000병을 처리하
는 현대 최신식 공장까지 돌아보며 맥주가 만들어지는 과정을 견학한다. 양조장 투어의
백미는 바로 투어의 마지막 순서인 맥주 시음! 견학이 끝나면 지하 저장고에 보관된 오크
통에서 직접 따라주는 맥주 0.3ℓ를 시음할 수 있다. 오크통에 보관된 맥주는 냉장과 살균
처리가 이전의 상태이지만 필스너 우르켈의 깊은 맛을 음미할 수 있다.

구 글 맵 49.747595, 13.387403 **P.205**
홈 페 이 지 www.prazdroj.cz
운 영 영어 가이드 투어 - 10:45, 13:00, 14:45, 15:45, 16:30, 17:30
투어요금 250CZK (약 100분 소요)

※양조장 투어를 즐기는 다양한 방법
필스너 우르켈 양조장 부지는 꽤 넓은 공간에 펼쳐져 있다. 가이드 투어에 참여하려면 먼저 방문
객 관광안내소에서 예약을 해야 한다. 필스너 우르켈 양조장 투어를 마치고 나서는 살균되지 않은
(unpasteurized) 필스너 맥주와 체코 전통음식을 즐길 수 있는 레스토랑에서 식사를 즐겨보자. 필스너
우르켈 양조장 입구 오른편에 있는 대형 펍 나 스필체 Restaurace Na Spilce를 비롯해 구시가 곳곳에
필스너 맥주를 즐길 수 있는 레스토랑 겸 펍이 있다. 매년 여름철 매주 목요일 오후 7시에는 양조장 부
지에서 여름 콘서트가 개최되어 다양한 장르의 음악공연이 펼쳐진다.

나 스필체 Na Spilce

1992년에 오픈한 모던한 분위기의 레스토랑 겸 대형 펍으로 500석 규모를 갖추고 있다. 대표 맥주는 살균되지 않은 필스너 맥주, '필즈니츠카 plznička'이며, 코젤 Kozel, 감브리누스 Gambrinus 등 다양한 맥주와 체코 전통음식과 세계 각국의 다양한 음식도 즐길 수 있다.

구 글 맵 49.747306, 13.387882 P. 205
홈페이지 www.naspilce.com/cz
운   영 11:00~22:00 (금·토~23:00)
위   치 필스너 우르켈 양조장 입구 바로 오른편.

나 파르카누 Na Parkánu

구시가에 위치한 레스토랑으로 1920년대 있던 펍을 그대로 재현해 만들었다. 이 건물은 오래전부터 여러 용도로 이용되었는데, 1824년 몰트 하우스가 설립되고 19세기 말경에는 대장간으로, 소방서로, 병원으로, 감옥으로도 사용되었으며, 1966년에 지금의 형태를 갖추었다.

구 글 맵 49.748724, 13.381010 P. 204
홈페이지 www.naparkanu.com/cz
운   영 11:00~23:00(목~24:00, 금·토~25:00)
위   치 플젠 중앙역에서 도보 12분

우 살즈만누 U Salzmannů

플젠에서 가장 오래된 레스토랑으로 체코 바츨라프 하벨 대통령, 바츨라프 클라우스 대통령이 해외 귀빈들과 자주 찾았던 곳으로도 유명하다. 이곳에서는 탱크에 저장된 살균되지 않은 필스너 맥주를 즐길 수 있으며, 게스트하우스를 같이 운영하고 있다.

구 글 맵 49.747866, 13.379428 P. 204
홈페이지 www.usalzmannu.com/cz
운   영 11:00~23:00(금·토~24:00, 일~22:00)
위   치 플젠 중앙역에서 도보 12분

유럽 대표 온천 휴양지, 카를로비바리

카를로비바리는 프라하에서 서쪽으로 약 130km 떨어져 있는 보헤미아 지방의 작은 도시이지만 마시는 온천수와 국제영화제로 유명하다. 카를로비바리는 '카를의 온천'이라는 뜻으로 14세기 중엽 카를 4세가 이곳에서 사냥하던 중 온천을 발견했다고 해서 붙여진 이름이다. 이후 주위가 산으로 둘러싸인 수려한 자연환경과 온천의 탁월한 효능이 유럽 전역에 점차 알려지면서 유럽의 왕족과 귀족의 휴양지로 사랑을 받아왔으며, 베토벤, 괴테, 드보르자크 등도 요양 차 이곳을 자주 찾았다고 한다. 오늘날에도 휴양과 치료를 목적으로 많은 이들이 카를로비바리를 찾으며, 매년 7월에는 유럽 대표 영화제 중 하나인 카를로비바리 국제영화제가 열린다.

Karlovy Vary

버스정류장
(버스 내려주는 곳)

Horova

Bulharská

Americká

Chebský most

Varšavská

P.229
베헤로브카 박물관
Jan Becher Museum

nábř. Osvobození

I. P. Pavlova

Palac

Bezručova

카를로비바리 버스 터미널
Karlovy Vary Terminál

nám. Republiky

T. G. Masaryka

Jaltská

T. G. Masaryka

스파 호텔 테르말
Spa Hotel Thermal

Moskevská

Krále Jiřího

Zahradní

Dvora

Vrázová

Krále Jiřího

Sadová

Krále Jiřího

다이아나 전망대
Rozhledna Diana

Lanová dráha Diana

Vrchického
chického
ého nám.
Ldická
Havlíčkova
Jiráskova
Polská
Máchova
Beznučova
Pavlova
ovy sady
Zahradní

📷 **사도바 콜로나다**
Sadová Kolonáda
P.226

Sadová
Ondřejská
I. P. Pavlova
Mlýnské nábř.

📷 **믈린스카 콜로나다**
Mlýnská Kolonáda
P.226

Petra Velikého
Zámecký vrch
I. P. Pavlova
Ondřejská
Tržiště
Lázeňská

ⓘ

📷 **트르주니 콜로나다**
Tržní Kolonáda
P.228

Vřídelní

📷 **브르지델니 콜로나다**
Vřídelní kolonáda
P.228

🏛 **성 마리아 막달레나 성당**
Kostel svaté Máři Magdaleny

Pod Jelením skok
Stará Louka
Nová louka
Divadelní nám.
Divadelní
Husovo nám.
Skroupova
Mariánskolázenská
Mírové nám.

Karlovy Vary

카를로비바리 여행의 기술

카를로비바리 여행하기

프라하에서 서쪽으로 약 130km 떨어져 있는 카를로비바리는 프라하에서 버스로 약 2시간이면 닿을 수 있어 당일치기로 찾는 이들이 많다. 카를로비바리의 볼거리는 1시간이면 충분히 둘러볼 수 있지만, 온천욕을 즐기며 느긋한 여행을 즐기고 싶다면 1박 이상 머물러보자. 테플라강을 따라 늘어서 있는 콜로나다를 따라 천천히 거닐며 몸에 좋다는 온천수를 음미해보자.

카를로비바리 관광청 www.karlovyvary.cz
카를로비바리 국제영화제 www.kviff.com

관광안내소 INFOCENTRUM

카를로비바리 관광안내소는 버스터미널 근처와 콜로나다가 모여있는 라젠스카 거리에 있으며, 온천 관광 안내 및 무료지도 등의 서비스를 제공한다. 프라하행 버스나 열차 정보도 얻을 수 있다.

라젠스카 관광안내소		버스터미널 관광안내소	
운 영	월~일 09:00~17:00	운 영	월~일 09:00~17:00
위 치	라젠스카 (Lázeňská) 거리 중앙	위 치	카를로비바리 버스터미널에서 도보 5분

플로렌츠 터미널 Praha ÚAN Florenc　　카를로비바리 터미널 Karlovy Vary Terminál (ⓒeverspring_)

카를로비바리로 가는 길

프라하에서 130km 정도 떨어진 카를로비바리는 프라하에서 버스와 기차를 이용해 갈 수 있다. 단, 버스가 소요시간이 더 짧고 카를로비바리 버스터미널이 카를로비바리의 볼거리가 모여있는 구시가와도 가까우니 되도록 버스를 이용하는 것이 좋다.

버스

프라하-카를로비바리 구간은 '스튜던트 에이전시'와 '플릭스 버스'를 이용해 갈 수 있으며, 스튜던트 에이전시와 플릭스 버스 모두 플로렌츠 버스터미널에서 탑승할 수 있다. 카를로비바리 버스터미널에서 구시가의 중심까지는 도보로 10분 정도 소요된다.

-스튜던트 에이전시 Student Agency

메트로 B·C선 플로렌츠 (Florenc) 역에 있는 플로렌츠 터미널 (Praha ÚAN Florenc) 에서 카를로비바리로 가는 버스가 출발한다. 티켓은 홈페이지에서 예약할 수 있다.

홈페이지 www.regiojet.com
운　영 06:30~21:30 (60분 간격 운행)
요　금 159~169CZK(출발시간대에 따라 다름)
소요시간 약 2시간 15분

-플릭스 버스 FLIXBUS

메트로 B·C선 플로렌츠 (Florenc) 역에 있는 플로렌츠 터미널 (Praha ÚAN Florenc) 에서 버스가 출발한다. 프라하성에서 도보 20분 거리에 있는 프라하 흐라드칸스카 (Prague Hradčanská) 정류장에서도 카를로비바리로 가는 플릭스 버스를 이용할 수 있다. 티켓은 홈페이지에서 예약할 수 있다.

홈페이지 global.flixbus.com
운　영 08:30~18:35 (60~90분 간격 운행)
요　금 79~169CZK (출발시간대에 따라 다름)
소요시간 약 1시간 45분~2시간 10분

기차

프라하 중앙역 (Praha hl.n.) 에서 카를로비바리 (Karlovy Vary) 행 기차를 이용하면 된다. 카를로비바리 기차역에서 볼거리가 모여 있는 구시가까지는 도보로 약 20분 정도 소요된다.

홈페이지 기차운행 조회 www.idos.cz
소요시간 약 3시간 30분

1. 마시는 온천수 머그컵 구입하기

카를로비바리 여행에 앞서 가장 먼저 해야 할 일은 뜨거운 온천수를 즐길 수 있는 도자기 머그컵인 라젠스키 포하레크 Lázeňský pohárek를 구입하는 것! 라젠스키 포하레크는 뜨거운 온천수를 안전하게 마실 수 있게 고안된 컵으로 길쭉한 주둥이로 온천수를 마시면 뜨겁지 않게 마실 수 있다. 온천수 컵은 기념품점에서 구매할 수 있으며, 색상, 그림, 디자인별 다양한 컵이 있으니 마음에 드는 제품을 골라보자. 온천수는 마치 쇳물을 마신 것처럼 쌉싸름한 맛이 나지만 치유 효과가 좋다고 하니 한번 마셔보자. 온천마다 온천수의 온도와 이산화탄소의 함량, 효과가 조금씩 다르다.

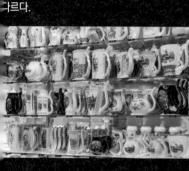

2. 와플로 텁텁한 입맛 달래기

비릿한 철 맛이 나는 온천수를 마신 뒤 입안이 텁텁하다면 달달한 와플로 마무리를 해보자. 오플라트키 와플 Karlovarské Oplatky 은 카를로비바리의 전통 과자로 카를로비바리 어느 곳에서나 만날 수 있다. 뻥튀기 크기의 커다란 둥근 과자 안에 크림을 넣어 밀전병처럼 얇게 구워 만든 와플로, 웨하스처럼 겉은 바삭하고 속에는 부드러운 크림이 들어있다. 크림은 바닐라, 아몬드, 헤이즐넛, 시나몬, 코코넛, 레몬 등 여러 가지 맛이 있으며 박스와 낱개로도 판매한다.

3. 온천수와 약초로 만든 술, 베헤로브카 즐기기

카를로비바리의 대표 특산물인 베헤로브카 Becherovka는 20여 가지 약초와 온천수를 이용해 빚은 술로 도수가 높지만, 소화촉진 및 감기 예방에 효능이 있는 것으로 알려져 있다.

©becherovka.com

4. 온천수로 만든 탄산수, 마토니 마시기

온천수가 부담스럽다면 좀 더 가볍게 마실 수 있는 미네랄 워터, 마토니 Mattoni를 마셔보자. 마토니는 카를로비 바리의 온천수로 만든 탄산수로 플레인을 비롯해 다양한 맛이 있다. 마토니는 카를로비바리뿐만 아니라 체코 전역 슈퍼마켓에서 구매할 수 있다.

©kmv.cz

카를로비바리 온천
Karlovy Vary Lázně

치유 효과가 뛰어난 온천수. 카를로비바리의 온천수는 나트륨·마그네슘·황산 등 50여 가지 성분이 포함되어 있어, 당뇨·위장질환·혈액순환·스트레스 등에 치유 효과가 뛰어난 것으로 알려져 있다. 카를로비바리 온천의 가장 큰 특징은 온천수를 이용해 온천욕을 즐기는 것뿐만 아니라 온천수를 약수로 음용하는 것! 온천수는 각 콜로나다에 설치된 온천수 수도꼭지에서 따라 마시면 된다. 온천수를 마신다는 사실이 생소하게 들릴수도 있지만, 이곳을 찾은 여행객들은 테플라강을 따라 곳곳에 꾸며진 회랑 '콜로나다 Kolonáda'를 방문하여 온천수를 마시고 산책을 즐긴다. 18세기 현대 온천 치료방법의 선구자로 불리는 데이비드 베헤르 David Becher 박사가 온천수를 직접 마시면서 산책과 병행하는 치료법을 발표한 이후, 지금도 이 방법을 사용하여 치료하고 있다. 테플라 Teplá 강을 따라 5개의 콜로나다가 늘어서 있으며, 그중 믈린스카 콜로나다 Mlýnská Kolonáda 가 가장 크고 아름답다. 카를로비바리에 있는 건물은 주로 19~20세기에 지어졌다.

사도바 콜로나다 Sadová Kolonáda (Park Colonnade)
주철로 화려하게 장식된 사도바 콜로나다는 예전에 콘서트홀과 레스토랑으로 사용되던 Blanenský Pavilion 건물의 산책로
일부로 1880~1881년 오스트리아의 유명 건축가가 디자인했다. 돔 안에 들어서면 뱀 모양의 꼭지가 있는데
뱀 입에서 30℃의 온천수가 흘러나온다.

믈린스카 콜로나다 Mlýnská Kolonáda (Mill Colonnade)
1871~1881년에 지어진 네오 르네상스 양식 건물로 카를로비바리의 콜로나다 중 가장 크고 아름답다.
124개의 코린트 기둥이 늘어서 있고, 지붕 위에는 12달을 상징하는 조각상이 세워져 있다. 믈린스카 콜로나다에는
각기 다른 온도의 5개의 온천수가 있다.

트르주니 콜로나다 Tržní Kolonáda (Market Colonnade)

1882~1883년 오스트리아의 유명 건축가가 지은 스위스 스타일의 목조건물로 화려하게 조각되어 있다.
1990년대 초반 대대적인 재건축을 거쳐 지금의 모습을 갖추었다. 카를 4세 온천 Charles IV Spring으로 알려진 64℃의
'카를 온천수'를 비롯해 3개의 광천수가 흘러나온다.

브르지델니 콜로나다 Vřídelní kolonáda (Hot Spring Colonnade)

1975년 유리와 철근 콘크리트를 사용해 지은 콜로나다로 1826년과 1879년에 이어 이 자리에 세 번째로 세워졌다.
별관에서는 천장까지 솟아오르는 12m 높이의 간헐천을 볼 수 있다. 온도가 각각 다른 온천수가 있으며 음용에 적합하도록
30℃와 50℃로 냉각되어 나온다.

베헤로브카 박물관 Jan Becher Museum

온천수와 약초로 만든 특별한 술. 베헤로브카 Becherovka는 카를로비바리의 대표 특산물로 1807년 요제프 베헤르 Josef Vitus Becher 가 개발하였다. 박물관이 있는 건물은 1867년 요제프의 아들 얀 베헤르 Jan Becher 가 지은 건물로 100년 이상 술을 제조하는 공장으로 사용하다가 지금은 박물관으로 사용하고 있다. 박물관 내에서는 술의 재료가 되는 허브와 향신료 등을 보고 냄새를 맡아보고, 베헤로브카의 역사와 교육용 영상 등을 볼 수 있다. 20여 개의 허브와 향신료, 온천수 등 100% 천연재료로 빚은 베헤로프카는 도수가 38도나 되지만, 소화촉진 및 감기에 효능이 있어 체코인들은 식사 전에 가볍게 마시거나 칵테일로 즐겨 마신다. 박물관 관람이 끝나면 박물관과 연결된 매장에서 베헤로브카를 구입할 수 있다. 베헤로프카는 면세점이나 체코 주요 도시의 기념품점에서도 팔지만, 카를로비바리에서는 조금 더 저렴하게 구매할 수 있다.

구 글 맵   50.230215, 12.866910 P.218
홈 페 이 지   becherovka.com
운   영   09:00~12:00, 12:30~17:00, 월요일 휴관
입 장 료   일반 180CZK, 120CZK
위   치   카를로비바리 버스터미널에서 도보 5분

아름다운 풍광이 펼쳐지는 중세도시, 체스키크룸로프

프라하에서 두 시간 남짓 버스를 타고 가면 중세 보헤미안의 모습을 고스란히 간직하고 있는 체스키크룸로프에 다다른다. 블타바강이 마을 전체를 S자 모양으로 휘감아 흐르고 그 주위로 오렌지색 지붕의 고풍스러운 건축물들이 눈 앞에 펼쳐진다. 이곳은 영화 〈일루셔니스트(2006)〉와 〈아마데우스(1984)〉의 배경이 된 곳으로 유명하다. 인구 2만 명이 안 되는 작은 도시이지만 체코에서 두 번째로 큰 체스키크룸로프 성과 중세의 모습을 간직하고 있는 곳으로 1992년 도시 전체가 유네스코 세계문화유산으로 지정되었다.

Český Krumlov

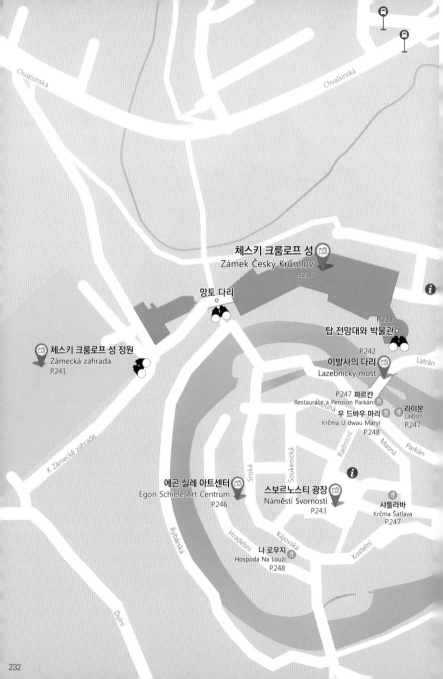

체스키 크룸로프 성
Zámek Český Krumlov
P.236

망토 다리

P.238

탑 전망대와 박물관
P.242

체스키 크룸로프 성 정원
Zámecká zahrada
P.241

이발사의 다리
Lazebnický most

Latrán

P.247 파르칸
Restaurace a Penzion Parkán

라이본
Laibon
P.247

우 드바우 마리
Krčma U dwau Maryí
P.248

Dlouhá

Masná

Parkán

K Zámecké zahrade

Siroká

Soukenická

Radniční

에곤 실레 아트센터
Egon Schiele Art Centrum
P.246

스보르노스티 광장
Náměstí Svornosti
P.243

샤틀라바
Krčma Šatlava
P.247

Rybářská

Hradební

Kájovská

Kostelní

나 로우지
Hospoda Na Louži
P.248

Dlní

Chvalšinská

Chvalšinská

Objízaková

부데요비츠카 문
Budějovická Brana

Latrán

Pivovarská

Latrán

Objízaková

Náplavka

라트란 거리
Latrán

Nové Mesto

체스키 크룸로프 버스정류장
Český Krumlov, AN

Objízaková

Horni

Kaplická

Roosveltova

Nová

므네스트스키 공원
Městský park

Český Krumlov

체스키크룸로프 여행의 기술

체스키크룸로프 여행하기

프라하에서 당일치기로 가장 많이 찾는 근교 도시인 체스키크룸로프는 프라하에서 버스로 약 3시간 거리에 있다. 체스키크룸로프의 볼거리는 많지 않아 반나절이면 충분히 둘러볼 수 있지만, 중세마을의 한적한 정취를 제대로 느끼려면 1박 이상 머무르는 것이 좋다. 골목골목을 누비며 한적한 중세마을 분위기에 흠뻑 취해보고, 예쁜 카페와 아기자기한 기념품을 파는 숍에도 들러보자.

체스키크룸로프 여행정보 www.ckrumlov.cz, www.visitceskykrumlov.cz

관광안내소 INFOCENTRUM

체스키크룸로프에는 스보르노스티 광장, 체스키크룸로프 성 등에 관광안내소를 운영하고 있다. 환전은 물론 숙소 및 가이드 투어 예약, 열차와 버스 시각안내 등 다양한 여행 정보를 제공한다.

스보르노스티 광장 관광안내소 Infocentrum Český Krumlov

운 영	09:00~18:00 (11~3월 ~17:00, 6~8월 ~19:00)	
위 치	구시가 스보르노스티 광장	

체스키크룸로프 성 관광안내소 Unios Tourist Service

운 영	1~4월 10:00~16:00, 5~9월 09:00~19:00, 10~12월 09:00~16:00	
위 치	체스키크룸로프 성 입구	

스보르노스티 광장 관광안내소   체스키크룸로프 성 관광안내소

체스키크룸로프는 프라하에서 버스, 기차, 셔틀 차량 등을 이용해 갈 수 있다. 유레일 패스가 없다면 더 빠르고 편한 버스를 이용하는 것이 좋고, 가족여행이거나 짧은 일정에 여러 도시를 둘러본다면 셔틀 차량을 이용하는 것도 좋은 방법이다.

버스

프라하–체스키크룸로프 구간은 워낙 인기 있는 코스이기 때문에 버스 예매는 필수이다. 버스회사별로 탑승 위치, 소요시간, 요금이 다르니 티켓 예매 시 잘 확인하는 것이 좋다. 체스키크룸로프 버스 정류장에서 구시가의 중심인 스보르노스티 광장까지는 도보 10분 정도 소요된다.

–스튜던트 에이전시 Student Agency

버스는 메트로 B선 안델 (Anděl) 역에 있는 나 크니제치 (Na Knížecí) 버스터미널에서 출발해 체스키크룸로프 버스정류장(Český Krumlov, AN) 에 도착한다. 티켓은 홈페이지에서 예약할 수 있다.

홈페이지	www.regiojet.com
운 영	06:00~21:00 (60분 간격 운행)
요 금	169~195CZK(출발시간대에 따라 다름), 약 2시간 50분 소요

–플릭스 버스 FLIXBUS

메트로 B선 안델 (Anděl) 역에 있는 나 크니제치 (Na Knížecí) 버스터미널 또는 메트로 B·C선 플로렌츠 (Florenc) 역에 있는 플로렌츠 터미널 (Praha ÚAN Florenc) 에서 버스가 출발한다.

홈페이지	global.flixbus.com
운 영	05:30~21:10 (30~120분 간격 운행)
요 금	79~249CZK (출발시간대에 따라 다름), 약 2시간 50분 소요

기차

프라하 중앙역 (Praha hl.n.) 에서 출발하는 기차는 체스키크룸로프 (Český Krumlov) 역으로 바로 가는 직행 편과 체스케 부데요비체 (České Budějovice) 에서 체스키크룸로프 행 열차로 갈아타는 환승 편이 있다. 체스키크룸로프 기차역에서 체스키크룸로프 성까지는 도보 20분 정도 소요된다.

홈페이지	기차운행 조회 www.idos.cz
소요시간	약 2시간 50분~4시간

사설 셔틀 차량 Shuttle

체스키크룸로프에서 다른 도시로 이동 시 셔틀 차량을 이용하는 것도 좋은 방법이다. 출발 시각을 자유롭게 결정할 수 있으며, 짧은 일정 안에 여러 도시로 둘러볼 경우, 일행이 3~4명일 경우, 짐이 많은 경우, 체스키크룸로프에서 기차를 이용해 유럽의 다른 도시로 이동할 때도 유용하다. 특히 체스키크룸로프는 근교 도시인 오스트리아 린츠 (Linz)와 차로 약 1시간 거리에 떨어져 있어 셔틀 차량을 이용해 린츠까지 이동한 뒤 기차를 이용해 잘츠부르크 (Salzburg), 할슈타트 (Hallstatt), 독일 뮌헨 (München) 등 주변 도시로 이동하는 경우가 많다.

홈페이지	셔틀 체스키크룸로프 www.shuttleceskykrumlov.com, 로보셔틀 www.shuttlelobo.cz
소요시간	프라하까지 약 2시간, 린츠까지 약 1시간, 할슈타트까지 약 2시간 30분 소요, 뮌헨까지 약 3시간 소요

체스키크룸로프 성
Zámek Český Krumlov

그림 같은 풍경을 감상할 수 있는 곳.

보헤미아의 보석으로 불리는 체스키크룸로프의 상징적인 건축물인 체스키크룸로프 성은 체코에서 프라하성 다음으로 큰 성으로 세계 300대 건축물로도 지정되어 있다. 13세기 중엽 블타바강이 내려다보이는 돌탑 위에 고딕 양식으로 지어진 이후, 16~18세기에 개보수를 거치면서 바로크, 르네상스, 로코코 양식이 혼재된 지금의 모습을 갖추었다. 체스키크룸로프 성의 주요볼거리로는 성벽을 지키는 곰이 있는 곰 해자 Medvědí příkop, 체스키크룸로프 성탑 전망대 Zámecká věž 등이 있으며, 그중에서도 체스키크룸로프 성의 하이라이트는 그림 같은 풍경을 감상할 수 있는 성탑 전망대와 가이드 투어의 마지막 코스인 망토다리 Plášťový most에서 내려다보는 마을 풍경이다.

구 글 맵 48.812978, 14.315178 P.232
홈페이지 www.zamek-ceskykrumlov.cz/en, www.castle.ckrumlov.cz
입 장 료 성과 정원은 무료 (탑 전망대, 가이드 투어 유료)
위   치 스보르노스티 광장에서 도보 5분

탑 전망대와 박물관
Hradní muzeum a zámecká věž

체스키크룸로프 성의 하이라이트.

160여 개의 계단을 지나 탑에 오르면 옹기종기 모여있는 오렌지색 지붕의 건물들과 그 주위를 S자 모양으로 굽이쳐 흐르는 블타바강이 한눈에 내려다보이고, 그림 같은 경치에 감탄이 절로 나온다. 라트란 거리와 블타바강 옆에 우뚝 솟은 둥근 성탑은 총 6층 높이로 탑의 외관에서 고딕 양식과 르네상스 양식이 혼재되어 있음을 알 수 있다. 1947년 대대적인 탑 복원이 이루어져 지금의 모습을 갖추게 되었다. 박물관은 국립 문화유산 연구소에 의해 2011년부터 문을 열었으며, 체스키크룸로프의 역대 영주와 성에 관한 자료를 전시하고 있다. 가이드는 따로 없지만 오디오 가이드를 이용할 수 있다.

구 글 맵　48.812353, 14.315945　P.232
운　　 영　09:00~17:00(6~8월 ~18:00), 11~3월 화~일 09:00~16:00
입 장 료　일반 150CZK, 학생 110CZK
위　　 치　체스키크룸로프 성 내.

©www.zamek-ceskykrumlov.cz

가이드 투어 Tour

성 내부는 가이드 투어로. 300개의 방이 있는 성 내부는 가이드 투어를 통해 돌아볼 수 있으며 둘러보는 코스에 따라 루트 I과 루트 II로 나누어 55분간 진행된다. 루트 I 에서는 성 이르지 예배당 zámecká kaple sv. Jiří, 황금마차가 있는 엥겔베르크 홀 eggenberský sál, 가장 무도회홀 maškarní sál 등을 둘러보고, 루트 II에서는 체스키 크룸로프의 마지막 영주인 슈바르첸베르크 Schwarzenberg 가문의 역사를 중점으로 둘러보며, 가문의 초상화 갤러리를 둘러보는 것에서 시작해 망토다리 (플라스토비 다리) Plášťový most 에서 끝난다. 내부는 촬영금지

가이드 투어	운영	입장료 (영어)	소요시간
루트 I	화~일 09:00~16:00 (6~8월 ~17:00), 11~3월 휴관	일반 300CZK 학생 210CZK	약 55분
루트 II	6~8월 화~일 09:00~17:00, 9월 토·일 09:00~16:00, 그 외 기간은 휴관	일반 230CZK 학생 170CZK	약 55분

체스키크룸로프 성 정원
Zámecká zahrada

보기만 해도 힐링 되는 정원. 체스키크룸로프 성안에는 17세기에 조성된 바로크식 정원 Zámecká zahrada과 바로크 극장 Zámecké barokní divadlo, 성 박물관 Hradní muzeum a zámecká věž , 마구간 Konírna, sedlárna 등의 건물이 들어서 있다. 보통 체스키크룸로프 성까지만 보고 가는 경우가 대부분이지만, 체스키크룸로프에서 하루 머물거나 시간적 여유가 있는 사람은 성에서 가장 넓은 부분을 차지하는 정원을 꼭 둘러보자. 잘 가꿔진 넓은 정원을 한가로이 걷다 보면 마음속 깊은 곳까지 정화되는 느낌을 받을 것이다. 또한 바로크 극장은 유럽에서 가장 잘 보존된 바로크 양식의 극장으로 오케스트라석, 무대, 기계장치, 소품, 의상 등이 보존되어 있으며 가이드 투어를 통해 둘러볼 수 있다.

	운영	요금
바로크 극장	화~일 10:00~15:00, 11~4월 휴관 (비정기 휴관도 있음, 홈페이지 참조)	일반 380CZK, 학생 270CZK
정원	08:00~17:00(5~9월 ~19:00), 11~3월 휴관	무료

이발사의 다리 & 라트란 거리
Lazebnický most & Latrán

슬픈 사랑 이야기가 전해지는 곳. 체스키크룸로프 성과 구시가를 잇는 목재 다리로 성으로 이어지는 중세풍 거리인 라트란 Latrán 1번지에 오래된 이발소가 있어서 이발사의 다리라는 이름이 붙여졌다. 이발사의 다리에는 이발사의 딸과 이 지역의 영주였던 레오폴트 2세 황제의 슬픈 사랑 이야기가 전해진다. 이발사 다리 위에는 십자가에 못 박힌 예수상과 다리의 수호성인 얀 네포무츠키 Jana Nepomuckého 의 조각상이 서 있다. 라트란 거리는 영주들을 모시던 하인들이 거주했던 곳으로 중세의 느낌이 아직도 남아있으며, 거리 곳곳에 아기자기한 상점들이 모여있다. 라트란 거리는 영화 〈일루셔니스트〉에도 등장하기도 하였다. 라트란 거리에서 버스정류장 쪽으로 쭉 가다 보면 성벽 9개의 문 중 유일하게 남아있는 부데요비츠카 문 Budějovická Braná 이 나온다.

구 글 맵 48.811837, 14.315691 P.232
위　　치　스보르노스티 광장에서 도보 5분

스보르노스티 광장
Náměstí Svornosti

©Achiv Český Krumlov

체스키크룸로프 관광의 시작 체스키크룸로프 구시가 중심에 위치한 중앙광장으로 시청사를 비롯해 관광안내소 등이 있으며, 광장 주변으로 호텔, 카페와 레스토랑, 기념품숍 등이 모여있다. 광장 중앙에는 16세기 공용 수돗가로 사용되었던 르네상스 분수대와 1714~1716년에 만들어진 페스트 기념비가 서 있다. 페스트 기념비 꼭대기에는 마리아가 서 있고 8인의 성인이 그 주위를 둘러싸고 있다. 마을 곳곳을 방사형으로 연결하는 중앙광장에서는 다양한 물건을 판매하는 시장과 이벤트가 종종 열리고, 크리스마스 시즌인 11월 말부터 1월 초까지는 크리스마스 마켓이 열린다. 관광안내소는 시청사 건물 1층에 있다.

구 글 맵 48.810649, 14.315026 P.232
위 치 버스터미널에서 도보 10분

체스키크룸로프를 화폭에 담은 '에곤쉴레'
Crescent of Houses2 (오스트리아 빈 레오폴트 박물관 소장)

에곤 실레 아트센터
Egon Schiele Art Centrum

거침없는 예술가 에곤 실레를 만나다.

에곤 실레는 어머니의 고향인 체스키크룸로프를 각별하게 여겼으며, 이곳에 살면서 다양한 작품을 남겼다. 에곤 실레 아트센터에서는 그의 작품세계를 보여주는 자료를 일부 만날 수 있으며, 20세기 이후 체코 국내외 현대 화가들의 작품도 기획 전시하고 있다.

에곤 실레 Egon Schiele(1890~1918)는 1890년 오스트리아 빈 근교의 툴른에서 태어났으며, 클림트와 함께 오스트리아 표현주의를 대표하는 인물이다. 고독, 불안, 의심, 공포에 싸인 인간을 헐벗은 육체로 주로 표현했으며, 소녀를 모델로 한 누드화와 노골적인 그림을 그려 많은 논란을 낳았다. 스페인 독감으로 28살에 생을 마감했다.

에곤 실레의 작품은 이곳보다 오스트리아 빈 레오폴트 박물관에 많이 전시되어 있다.

구 글 맵 48.810741, 14.313248 P.232
홈 페 이 지 www.schieleartcentrum.cz
운   영 09:00~18:00, 월요일 휴관
입 장 료 일반 200CZK, 학생 100CZK
위   치 스보르노스티 광장에서 도보 2분

레스토랑 Restaurant

샤틀라바 Na Krčma Šatlava

광장 근처에 위치한 레스토랑 겸 선술집으로 꼴레뇨, 굴라시, 스테이크 등 다양한 체코 음식을 즐길 수 있다. 광장에서 가까워 관광객이 많이 찾으며 식사시간대에는 손님으로 붐빈다.

구 글 맵   48.810703, 14.315895
홈페이지   www.satlava.cz
운   영   11:00~22:00
예   산   메인요리 180CZK~
위   치   스보르노스티 광장에서 도보 1분

라이본 Laibon

블타바 강변에 위치한 레스토랑으로 채식주의자를 위한 식당이라 맛에 대해서는 인기가 없지만 서툰 한국어로 응대해주는 친절하고 유쾌한 주인 덕분에 한국인 관광객들이 많이 찾는다.

구 글 맵   48.811518, 14.315926
홈페이지   www.laibon.cz
운   영   11:00~23:00
예   산   메인요리 150CZK~
위   치   스보르노스티 광장에서 도보 2분

파르칸 Restaurace a Penzion Parkán

이발사의 다리 근처에 자리한 레스토랑으로 슈니첼, 토마토 파스타, 피자, 샐러드, 칠리치킨, 스테이크 등을 맛볼 수 있다. 그중에서도 한국인들에게는 칠리치킨과 밥이 인기메뉴다. 서비스에 대해서는 호불호가 있다. 펜션을 함께 운영하고 있다.

구 글 맵   48.811643, 14.315524
홈페이지   www.penzionparkan.com
운   영   11:00~23:00
예   산   메인요리 180CZK~
위   치   스보르노스티 광장에서 도보 2분

우 드바우 마리 Krčma U dwau Maryí

1990년 문을 연 식당으로 송어구이, 굴라시, 닭구이 등 다양한 체코 음식과 맥주, 와인 등을 즐길 수 있다. 강가 옆 테이블에서
식사를 즐길 수 있는 뒤뜰이 있고, 2층에서는 블타바강을 내려다보며 식사를 즐길 수 있다.
구글맵 48.811473, 14.315731 / 홈페이지 www.2marie.cz / 운영 11:00~22:00
예산 메인요리 180CJK~ / 위치 스보르노스티 광장에서 도보 2분

나 로우지 Hospoda Na Louži

구시가 골목 펜션 1층에 있는 오래된 동네 선술집 분위기의 레스토랑으로 버섯, 감자튀김 등을 비롯해 오리구이, 스테이크,
슈니첼 등 다양한 음식과 맥주, 와인을 즐길 수 있다. 단, 최근 관광객들의 증가로 불친절하다는 평도 있다. 음식은 좀 짠 편.
숙소도 같이 운영하고 있다.
구글맵 48.810174, 14.314049 / 홈페이지 www.nalouzi.cz / 운영 10:00~22:00(금·토·일~23:00)
예산 메인요리 180CJK~ / 위치 스보르노스티 광장에서 도보 2분

여행준비

체코여행준비 & 실전 내용

간단한 여행준비

바쁜 일상을 살아가는 현대인들에게 여행은 설렘 그 자체! 하지만 막상 여행을 준비하려고 하면 무엇부터 해야 할지 막막하기만 한 당신을 위해 마련했다. 금쪽같은 시간을 쪼개여행을 떠나려는 이들을 위한 간단한 여행준비 팁을 소개한다. 아래의 순서에 따라 즐겁게 여행준비를 시작해보자.

1. 여권준비

해외여행을 떠나기 전 꼭 필요한 준비물은 바로 여권! 항공권 구매 시 여권번호가 필요하므로 여행을 떠나고 싶다면 가장 먼저 준비해야 한다. 또한, 여권이 있더라도 유효기간이 6개월 이상 남아 있어야 하므로 유효기간이 6개월 미만이라면 미리 여권 재발급을 신청해 두자. 여권발급에 걸리는 기간은 대략 7~10일 정도이니 여유를 두고 만들어 놓자.

2. 여행계획 세우기

무엇을 하러 떠날지, 자유여행으로 떠날지 패키지여행으로 떠날지, 항공편과 숙소가 포함된 호텔 팩으로 떠날지 등 여행의 일정과 목적, 기간, 여행방식, 예산 등을 고려해 본인이 원하는 대략적인 여행계획을 세워보자.

구분	패키지여행	자유여행
장점	가이드와 함께 준비된 일정대로 따라다니기 때문에 여행지에 대한 정보파악 등 사전준비가 필요 없고 일정, 교통수단 등에 대한 신경을 쓰지 않아도 되어 편리하다. 여행 준비할 시간이 부족하고 영어 걱정 없이 편리한 여행을 떠나고 싶은 이들에게 추천.	모든 일정을 내 마음대로 계획할 수 있고 원하는 곳을 자유롭게 여행할 수 있다. 일정에 얽매이고 싶지 않거나 새로운 친구들을 만나고 싶은 이들에게 추천.
단점	정해진 일정대로 움직여야 하므로 자신이 마음에 드는 장소가 있더라도 오래 머무를 수 없다. 단체로 움직이기 때문에 불편한 일행을 만날 경우 여행 기분을 망칠 수도 있다. 시차 등으로 컨디션이 좋지 않더라도 일정을 강행하거나 원치 않는 옵션, 쇼핑 등을 해야만 하는 경우가 있다. 여행비용 이외에 가이드 팁을 별도로 내야 한다.	여행 사전준비에 많은 시간이 소요된다. 여행을 떠나기 전 여행지에 대한 공부와 준비를 철저히 하지 않으면, 여행지에 대한 추억도 덜하고 준비 미숙에 따른 시간과 돈 낭비가 발생할 수 있다.

3. 항공권 예약하기

휴가 일정이 정해졌다면 이제 항공권을 구입할 차례. 목적지별로 항공권을 검색한 후 본인의 예산과 일정에 적합한 항공권을 예약한다. 항공권은 비수기일수록, 일찍 예약할수록, 특가 항공권일수록 저렴하다. 단, 저렴하다고 다 좋은 항공권이 아니니 마일리지 적립 여부, 취소변경 수수료 등을 꼼꼼하게 따져본 후 예약하는 것이 좋다.

항공권 비교 사이트 스카이스캐너 www.skyscanner.com

4. 숙소 예약하기

여행의 목적과 컨셉, 예산 등에 맞춰 부티크 호텔, 한인 민박, 게스트하우스, 현지인 아파트 등 본인에게 알맞은 숙소를 예약하자. 무조건 가격 위주로만 보지 말고 주변 관광지와의 접근성, 치안, 교통 편의성 등도 고려하는 것이 좋다. (p.51참조)

5. 각종 증명서 준비

유럽 현지에서 렌터카를 대여해 여행할 계획이라면 반드시 국제운전면허증을 발급해 가는 것이 좋다. 전국의 경찰서, 운전면허시험장에 가서 신청하면 1시간 이내에 발급받을 수 있다. 운전을 하기 위해서는 신분증과 국제운전면허증 및 한국운전면허증을 모두 소지해야 한다.

6. 여행 정보 수집하기

가이드북, 체코 관광청, 프라하 관광청, 네이버 여행카페 등을 참고해 가고 싶은 도시 및 관광명소, 꼭 먹어봐야 할 음식과 맛집, 여행에 유용한 패스, 꼭 사와야 할 쇼핑품목 등 세부 일정을 계획한다.

7. 환전하기

여행에 필요한 대략적인 예산을 정한 뒤 (p.50침조) 숙박비를 제외한 전체 여행경비의 50% 정도만 유로로 환전해 가고, 나머지 경비는 신용카드나 해외에서도 인출 가능한 국제현금카드를 사용하는 것이 좋다. 신용 및 현금카드는 이용할 때마다 수수료가 붙지만, 휴대가 편리하고 현금 분실에 대비할 수 있다. 단, 출국 전 본인이 소지한 카드가 해외에서도 사용할 수 있는 카드인지 미리 확인하는 것이 좋다. 국내에서 환전 시 환율 우대를 받기 위해서는 주거래 은행의 인터넷 또는 스마트폰 앱 등으로 미리 환전 신청을 해 놓고 가까운 영업점이나 공항 등에서 받는 것이 가장 좋다. 공항에서 수령 시 새벽 비행기를 이용한다면 24시간 운영 환전소를 미리 확인해 두자.

※ 해외에서 ATM기 사용하기 (기계마다 차이는 있음)

1. Plus, MasterCard, VISA 등 마크가 있는 현금인출기에 카드를 넣고 'English'를 선택한다.
2. 'Please enter your Pin Number(또는 code)'라는 글자가 나오면 비밀 번호를 입력하고 확인 버튼을 누른다. 보통 비밀번호는 4자리를 입력하지만, 간혹 6자리를 입력해야 하는 경우 4자리 비밀번호 뒤에 숫자 00을 붙이면 된다.
3. 예금계좌에서 현금을 인출하고자 하면 'Withdrawal'(또는 Savings / Cash Withdrawal / Withdraw Money)을 선택하고, 신용카드에서 현금서비스를 인출하고자 하면 'Credit'(또는 Credit Card / Cash Advance)를 선택한 후 금액을 선택한다.
4. Balance Inquiry 는 잔액조회, Transfer는 계좌이체, Deposit money는 입금을 의미한다. 잔액조회만으로 수수료가 청구되는 카드도 있으니 주의하자.
5. ATM 수수료는 인출금액이 아닌 건당으로 부과되므로 필요한 금액과 가까운 최대금액을 인출하는 것이 좋다.

8. 여행자보험 가입하기

해외여행 시 여행자보험은 여행지에서의 도난 및 소매치기, 예기치 못한 병원 방문 등에 대비하기 위해 가입하는 상품으로 아이나 부모님을 동반한 가족 여행객들이 본인의 의사에 따라 가입하는 것이 보통이다. 하지만, 체코 여행을 앞두고 있다면 여행자보험 가입이 필수다. 체코에서는 법적으로 관광을 포함한 체코 체류 외국인들은 반드시 영문 여행자 보험증서를 지참해야 하며, 미지참시 벌금을 부과하고 있다. (p.257참조) 각 보험 회사별로 다양한 보험상품과 혜택을 제공하고 있으니 꼼꼼히 살펴보고 가입하는 것이 좋다. 여행 시 영문 여행자 보험증서를 반드시 지참하자.

9. 짐 싸기

출발 직전 혹은 출발 전날 급하기 짐을 싸면 빠뜨리는 물건이 있을 수 있으니 떠나기 일주일 전부터 짐을 꾸리는 것이 좋다. 여행지의 계절, 여행 기간, 여행의 성격에 따라 챙겨야 할 준비물이 달라지니 떠날 여행지의 계절과 여행기간 등을 고려해 준비물 리스트를 작성한 후 하나하나 체크하면서 짐을 꾸리는 것이 좋다. 가방은 한 도시에 오래 머무른다면 캐리어가 편리하고, 도시 및 숙소를 자주 이동한다면 배낭을 이용하는 것이 더 편리하다. 자주 사용하는 여권, 지갑, 휴대폰 등은 크로스백에 보관하는 것이 가장 안전하고 편리하다.

※여행 준비물 체크 리스트

필 요 서 류 여권, 일정표, 항공권 예약완료메일 (또는e-ticket), 숙소 바우처, 여권사본, 여권사진 2~3장

전 자 기 기 카메라, 카메라 충전기, 휴대폰 충전기, 멀티어댑터, 셀카봉 등

여 행 경 비 환전한 현지화폐, 해외사용가능 신용카드

의   류 계절에 맞는 의류 2~3벌, 양말과 속옷 2~3세트, 가벼운 재킷 또는 카디건, 수영복(휴양지의 경우)

미 용 용 품 화장품, 클렌징폼, 바디로션, 선크림, 여성용품, 물티슈 등

비 상 약 소화제, 해열제, 진통제, 감기약, 지사제, 밴드 등

휴 대 용 품 작은 배낭이나 크로스 백, 모자, 선글라스, 우산(양산) 등

여 행 정 보 가이드북, 유용한 스마트폰 앱

기   타 필기도구, 여행노트, 목베개

10. D- Day 출발

설레는 마음으로 드디어 출발! 항공권, 여권, 준비물 등을 다시 한번 체크한 뒤 공항으로 출발하자. 체크인을 해야 하니 비행기 출발 최소 3시간 전에 공항에 도착하는 것이 좋다.

캐리어 가져갈까? 아니면 배낭 메고 갈까?

여행의 무게를 덜어주는 착한 동반자 캐리어! 하지만, 아스팔트로 덮여 있는 평평한 길이 아닌 동유럽 여행에서 캐리어는 예상치 못한 짐이 될 수 있다. 특히 중세시대의 모습을 간직한 프라하에서는 더더욱 그렇다. 계단만 있는 지하철역과 엘리베이터가 없는 오래된 숙소, 길 대부분이 울퉁불퉁한 자갈길로 되어있는 유럽의 도시에서 캐리어를 10분 이상 끌어 보면, 내가 왜 캐리어를 끌고 왔을까 후회가 드는 순간이 분명 생길 것이다. 보통 쇼핑

을 대비해 큰 캐리어를 준비하는 경우가 많지만,
패키지 여행자가 아니거나 숙소나 도시를 이곳저
곳 옮겨 다닐 계획이 있는 여행자라면 캐리어와 배
낭 중 어떤 것을 선택할지 진지하게 고민해보길 바
란다. 일정이 길고 도시 간 이동이 잦다면 배낭을
택하는 것이 훨씬 편하지만, 무조건 캐리어를 선택
하겠다면 되도록 끌기 편한 4바퀴 캐리어를 준비
하도록 하자. 만약, 배낭을 선택했다면 여행을 떠
나기 전, 실제 여행에 가져갈 준비물을 모두 채워
넣은 배낭을 메고 동네 한 바퀴를 한번 돌아보는
것도 좋은 방법이다. 여행에 꼭 가져가야 할 품목
과 가져가지 않아도 될 품목을 선별할 수 있게 될
것이다.

울퉁불퉁한 돌길은 장시간 캐리어 끌기에 녹록지 않다!

스마트하게 숙소 예약하기

프라하에는 최고급 호텔, 부티크 호텔, 호스텔, 한인 민박, 현지인 아파트 등 다양한 숙박
시설이 있다. 숙소예약은 숙소 홈페이지에서 직접 예약하거나 숙소예약 대행사이트를 통
해 예약할 수 있는데, 숙소의 종류에 따라 할인 폭이 다르니 여러 사이트를 비교한 뒤 예
약하는 것이 좋다.

스마트하게 숙소 예약하는 방법

1. 인터넷 검색과 리뷰확인은 필수
숙소예약 전 관심 있는 숙소에 대한 인터넷 검색은 필수. 트립 어드바이저, 유랑 카페, 블로거 리뷰 등을 통해 직접
숙박해 본 사람들의 생생한 후기를 참고하는 것이 좋다.

2. 세금포함여부와 옵션을 확인할 것
같은 호텔의 같은 객실이라도 예약 대행사이트의 요금에 차이가 나는 이유는 바로 세금과 옵션 때문. 세금 포함
여부, 조식 포함여부 등의 옵션을 포함한 최종 요금으로 비교해야 정확하다.

3. 취소규정을 확인할 것
호텔예약 사이트마다 취소규정이 다르니 예약 전 취소 및 변경 규정을 꼼꼼히 체크한 뒤 예약하도록 하자.

4. 바우처 챙기기
숙소예약을 마쳤다면 메일로 온 호텔 바우처를 출력해 두거나 숙소예약대행사이트의 앱을 다운받아 예약정보나
바우처 등을 캡쳐해 두는 것이 좋다.

5. 숙소위치확인
숙소예약이 끝났다면 구글맵 등의 앱을 이용해 숙소의 위치를 미리 확인해 두는 것이 좋다. 숙소예약대행 사이트
의 앱에서 예약정보를 조회하면 예약한 숙소의 정보와 구글맵 위치정보를 바로 확인할 수 있어 편리하다.

호텔 예약사이트

부 킹 닷 컴 www.booking.com
아 고 다 www.agoda.com
호 텔 패 스 www.hotelpass.com
호텔스닷컴 kr.hotels.com

호스텔 예약사이트

호스텔월드 www.korean.hostelworld.com
호스텔닷컴 www.hostels.com/ko

호텔 비교사이트

호텔스컴바인 www.hotelscombined.co.kr
트 리 바 고 www.trivago.co.kr

기 타

민 박 비 교 www.theminda.com
에어비앤비 www.airbnb.co.kr

스마트한 여행을 위한 유용한 앱 소개

우리나라는 스마트폰 보급률이 거의 80%에 육박할 정도로 스마트폰 사용이 보편화되어 있다. 스마트폰 없는 생활은 상상도 할 수 없을 정도로 해외여행 시에도 빠질 수 없는 필수품이 되어버린 스마트폰! 생생한 여행 정보는 물론 현지어를 모르는 이들을 여행객들을 위한 번역기까지. 스마트한 여행을 즐길 수 있도록 도와줄 유용한 애플리케이션(앱)을 소개한다.

구글 맵 Google Map

스마트한 여행을 위한 필수 앱. 구글맵에 목적지를 입력하면 현재 위치에서 목적지로 가는 경로를 바로 탐색할 수 있어 편리하다. 또한 내가 가고 싶은 스폿들로만 구성된 나만의 지도를 만들 수 있다.

트립 어드바이저 Trip Advisor

전세계 여행자들의 생생한 리뷰를 참고할 수 있는 여행정보사이트. 여행자들이 직접 순위를 매긴 명소, 맛집, 숙소 등의 랭킹순위를 확인할 수 있다. 또한 현재위치에서 가장 가까운 맛집과 명소 등도 소개해준다.

환율계산기

현지화폐를 우리나라 돈으로 환산해 주기 때문에 어렵게 계산할 필요가 없다. 환율 정보는 매일매일 업데이트되어 비교적 정확하다

파파고

네이버에서 만든 회화 앱으로 영어, 중국어, 프랑스어, 스페인어, 독일어 등 다양한 언어로 구성되어 있다. 발음은 물론 상황별 문장이 수록되어 있어 유용하게 사용할 수 있다.

구글 번역 Google Translator

체코나 영어를 모르는 여행자들을 위한 편리한 앱. 모르는 단어를 스캔하거나 이미지에 적힌 단어를 스캔하면 자동으로 한글로 번역되어 편리하다. 또한 현지인이 말하는 내용을 못 알아들을 때 마이크 버튼을 이용하면, 현지인이 말하는 내용을 대략 파악할 수 있다.

부킹닷컴 Booking.com

전세계의 숙소를 예약할 수 있는 숙소예약 전문사이트. 예약방법이 간단하고 현재 위치를 기준으로 주변의 예약 가능한 숙소도 알려줘 편리하게 이용할 수 있다.

해외안전여행(외교부)

외교부에서 만든 앱. 도난, 분실, 테러 등 여행 중 발생할 수 있는 위기상황에 대처하는 매뉴얼, 여행 위험국가, 각국 대사관, 영사과 긴급통화, 카드사/보험사 등 연락처, 기내반입 금지 품목 등 유용한 정보가 들어 있다.

해외에서 스마트폰 제대로 활용하기

최근 스마트폰의 보편화로 해외에서 사용할 수 있는 가장 편리한 방법은 자동 로밍이다. 스마트폰의 경우 별도 신청 없이 해외 출국 시 자동으로 자동 로밍 서비스가 적용되어 편리하게 이용할 수 있다. 스마트폰의 자동 로밍 서비스로 인한 데이터 요금 폭탄을 피하려면 출국 전 여행하는 국가의 데이터 로밍 요금제 등을 확인하고, 데이터 이용을 원치 않으면 각 통신사의 고객센터에 문의해 데이터 사용을 차단 신청하는 것이 좋다. 데이터를 자유롭게 사용하고 싶다면 유효기간 내 기본 데이터를 저렴하게 사용할 수 있는 '데이터 로밍 정액 요금제'를 신청하는 것이 좋다. 단, 한국 통신사에서 현지 통신사의 네트워크를 빌려 제공하기 때문에 속도가 느리다는 단점이 있다. 로밍 서비스는 스마트폰 앱, 또는 공항 내 위치한 통신사별 로밍 안내센터에서 신청할 수 있다.

로밍센터 위치
인천공항 : 1층·3층·면세구역, 김포공항 : 1층

통신사별 홈페이지
SK   www.sktroaming.com
olleh   roaming.olleh.com
LG U+ lguroaming.uplus.co.kr

휴대용 포켓와이파이

최근에는 1개로 최대 10명까지 동시에 사용할 수 있는 휴대용 와이파이 기기인 포켓 와이파이가 많이 이용된다. 해외에서도 데이터 로밍 비용부담 없이 스마트폰을 이용하려는 여행객들에게 인기가 많다. 여행 출발 전 포켓 와이파이 기기 대여 서비스를 제공하는 여러 업체 중 조건에 맞는 업체를 선택한 후 집에서 택배로 포켓 와이파이 기기를 미리 받거나 공항에서 픽업해가면 된다. 일반 통신사에서 제공하는 데이터 정액 요금제보다 더 저렴하게 이용할 수 있다. 단, 본인이 방문하는 국가와 사용 기간, 전화 및 데이터 용량, 요금 등을 꼼꼼히 따져보고 서비스 업체를 선택하는 것이 좋다.

심 카드 SIM CARD

체코에 장기간 체류할 경우 스마트폰에 장착해 사용하는 심 카드를 이용하면 훨씬 더 저렴하게 데이터를 이용할 수 있다. 단, 전화번호가 바뀌므로 집이나 긴급연락이 필요한 곳에 바뀐 전화번호를 알려줘야 하는 불편함이 있다. 프라하에서 심 카드를 직접 구매하려면 유럽에서 많이 사용하는 통신사 브랜드인 보다폰 Vodafone을 사용하면 된다. 보다폰 대리점은 메트로 B선 나로드니 트리다(Národní třída)역 근처 백화점 테스코 마이 Tesco My 근처에 있다.

체코의 치안, 체코는 안전할까?

체코는 동유럽 다른 국가에 비해 치안상태는 좋은 편이지만, 관광객이 많은 명소나 기차역 근처에는 소매치기가 많으니 소지품 관리에 유의하는 것이 좋다. 또한 모르는 사람이 갑자기 접근해 도와준다며 베푸는 친절이나 관심은 정중히 거절하는 것이 좋다.

관광객을 타겟으로 한 다양한 사기 수법들

1. 환전소 주변 호객꾼

체코는 유로화가 아닌 코루나를 사용하기 때문에 체코를 찾은 관광객 대부분은 환전소를 이용한다. 특히 환전소 주변에서 좋은 환율로 우대해주겠다며 호객을 하는 이들이 있는데, 이들을 따라가면 높은 수수료를 주고 환전해야 하는 일이 종종 발생하니 주의하도록 하자. 국제현금카드 소지 시 ATM에서 인출하는 것도 좋은 방법.

2. ATM 앞 환전사기꾼

ATM에서 현금 인출 시 보통 수수료 때문에 큰 금액을 한꺼번에 찾는 경우가 많다. 이러한 점을 노려 체코 화폐에 익숙하지 않은 여행자들을 대상으로 한 신종 환전 사기가 기승을 부리고 있는데, 예를 들어, 큰 액수의 지폐를 잔돈 여러 장으로 교환해준다고 하면서 체코보다 더 낮은 가치의 헝가리 화폐를 섞어 주는 방식이다.

3. 관광객이 많은 곳에서 소매치기

프라하성, 카를교, 구시가 광장 등 인기 관광명소나 프라하 중앙역, 대형마트 계산대 앞 주변에는 소매치기가 많으므로 여권과 현금은 물론 스마트폰, 카메라 등 고가의 소지품을 잘 챙기는 것이 좋다. 특히 구시가 광장의 천문시계 쇼를 감상하는 도중이나 마트 계산대에서 가방에 물건을 챙기느라 정신이 팔린 사이, 구글맵 등으로 장소를 검색하느라 스마트폰에 열중한 사이를 노리는 소매치기 꾼이 많으니 주의하자.

4. 경찰사칭

유럽에서는 대중교통 무임승차를 시도하는 이들이 많아 종종 티켓검사가 이루어진다. 이를 역이용하여 경찰 행사를 하며 교통 티켓을 검문하는 척하며 터무니없는 벌금을 내라고 하거나 여권을 훔쳐 가는 이들도 있다고 하니 주의할 것!

5. 갑작스러운 호의

짐을 든 여행객이나 탑승 플랫폼을 잘 모르는 여행객들에게 짐을 들어 준다거나 플랫폼까지 데려다주고 돈을 요구하는 경우도 있으니, 모르는 사람이 갑자기 베푸는 친절한 호의는 정중히 거절하는 것이 좋다.

안전한 여행을 위해 주의해야 할 점

1. 가방은 몸 앞쪽으로 매고, 여권이나 지갑, 스마트폰은 백팩보다는 크로스백, 허리에 차는 힙색 등을 이용하는 것이 좋다.

2. 카페나 레스토랑에서 지갑이나 휴대전화를 외투에 넣은 채 옆의 빈 의자에 걸어 놓거나 가방을 발밑에 두지 말자. 뒤 테이블에 앉은 소매치기가 슬그머니 빼갈 수 있다. 또한 휴대전화 또는 지갑을 테이블 위에 놓은 채 자리를 비우지 말자.

3. 천문시계 쇼에 정신이 팔린 사이, 사진을 찍는 사이, 기념품 구경에 정신이 팔린 사이를 노리는 소매치기범이 많으니 소지품 관리에 유의하자.

4. 체코 여행 시, 외국인은 여권을 항상 소지해야 한다. 현지 경찰이 여권 제시를 요구할 때 이에 응하지 않으면, 체코 외국인국적체류법에 의거하여 최대 3,000CZK까지 벌금이 부과되니 반드시 여권을 소지하자. 학생증, 운전면허증, 여권 사본으로 대체할 수 없다.

5. 체코 여행시 영문 여행자 보험증서를 반드시 지참하자. 체코에 체류하는 외국인은 체코 외국인체류법 326조 103조항에 의거하여, 사고 시 보험처리가 가능함을 입증하는 의료보험증을 항상 소지하여야 한다. 미소지시 체코 외국인체류법에 의거, 최대 3,000CZK까지 벌금이 부과하니 여행자 보험에 반드시 가입하도록 하자. 또한 보험보장금액은 본국송환비용을 포함하여 총 3만유로 이상 지원이 가능해야 하니 여행자보험 가입 시 이를 감안하도록 하자.

6. 만약, 소매치기나 강도를 당해 여행자 보험으로 보상을 받으려면 역이나 주요 관광지에 있는 가까운 경찰서를 찾아가 도난 증명서 Police Report를 작성해야 하는데 도난 증명서는 육하원칙에 따라 자세히 작성해야 한다.

7. 신용카드를 분실했다면 즉시 해당 카드사에 분실신고하고, 여권을 분실했을 때는 대사관을 찾아가서 재발급을 받아야 한다. 자세한 사항은 여행 중 비상상황 발생 시 대처방법 (p.262참조)

비행기는 버스 · 열차와 달리 탑승 수속을 밟아야 하므로 출발 3시간 전에는 공항에 도착하는 것이 좋다. 특히 여행자가 몰리는 성수기에는 많은 시간이 소요되므로 되도록 여유 있게 도착하도록 하자.

1. 인천국제공항

인천국제공항은 리무진 버스, 공항철도 AREX 등을 이용해 빠르고 편안하게 갈 수 있다.

인천국제공항 www.airport.kr

리무진버스

서울 경기를 비롯한 전국의 주요도시에서 인천공항까지 직행으로 연결된다. 자세한 사항은 각 버스회사 홈페이지에서 확인할 수 있다.

공항 리무진 www.airportlimousine.co.kr
서 울 버 스 www.seoulbus.co.kr
운　　 행 공항행 첫차 05:00 전후, 막차 21:00 전후 / 시내행 첫차 05:30 전후, 막차 23:00 전후
요　　 금 운행거리에 다름

공항철도 AREX

서울역에서 홍대입구, 김포공항 등을 거쳐 인천국제공항까지 연결되는 빠른 교통수단. 수도권 지하철을 이용한 후 환승하면 환승 할인혜택까지 있다.

홈 페 이 지 www.arex.or.kr
운　　 행 05:20~24:00 (15-30분 간격)
소 요 시 간 서울역에서 약 50분

도심공항터미널에서 얼리 체크인하고 여유롭게 떠나자

서울역과 삼성역, KTX 광명역에 있는 도심공항터미널에서도 탑승수속을 할 수 있다. 대한항공·아시아나항공·제주항공 등을 이용해 출국할 경우 도심공항터미널에서 탑승수속·수하물 탁송·출국 심사 등을 미리 할 수 있어 편리하다. 특히 도심공항에서 수속을 마친 이용객은 외교관 및 승무원과 공동 사용하는 전용출국통로 (Designated Entrance) 를 이용하기 때문에 성수기에도 대기시간 없이 빠르고 편하게 출국할 수 있다. 도심공항터미널에서는 비행기 출발 3시간 전까지만 탑승수속이 가능하므로 늦지 않도록 하자.

※도심공항터미널에서 탁송한 수하물은 출발공항이 아닌 도착지 공항에서 수령한다.

-서울역 도심공항터미널

홈 페 이 지 www.arex.or.kr
이 용 방 법 서울역 지하 2층에 위치한 도심공항터미널 이용 후, 공항철도 AREX 를 이용해 인천·김포공항으로 이동
운　　 행 서울역→공항 05:20~23:40, 공항→서울역 05:20~23:40 (30-40분 간격 운행)
소 요 시 간 인천국제공항까지 공항철도로 약 43분

–삼성역 도심공항터미널

홈 페 이 지 www.kcat.co.kr
이 용 방 법 삼성역에 위치한 도심공항터미널 이용 후, 리무진버스를 이용해 인천·김포공항으로 이동
운   행 삼성역(무역센터) → 인천공항 04:15~21:30, 삼성역(무역센터) → 김포공항 05:30~20:40 (10~15분 간격 운행)
소 요 시 간 인천국제공항까지 70~80분

–광명역 도심공항터미널

홈 페 이 지 www.letskorail.com
이 용 방 법 KTX광명역 역사 서편(남쪽) 지하 1층에서 탑승수속 및 출국심사 후 4번 출구에서 리무진버스를 타고 인천공항으로 이동
운   행 광명역 → 인천공항 05:20~21:00, 인천공항 → 광명역 06:10~22:20 (20~30분 간격 운행)
소 요 시 간 인천국제공항까지 40~50분

2. 김포국제공항

김포국제공항은 리무진 버스, 공항철도 AREX, 지하철, 버스 등을 이용해 편하게 갈 수 있다.

김포국제공항 www.airport.co.kr

리무진버스/버스

서울을 비롯한 경기를 비롯한 전국의 주요도시에서 리무진 버스와 일반 시내버스가 김포공항까지 연결된다. 자세한 사항은 각 버스회사 홈페이지에서 확인할 수 있다.

공항 리무진 www.airportlimousine.co.kr
운   행 06:00 전후~ 22:00 전후

공항철도 AREX

서울역에서 홍대입구, 디지털미디어시티 등을 거쳐 김포국제공항까지 연결되는 빠른 교통수단. 수도권 지하철을 이용한 후 환승하면 환승 할인혜택까지 있다. 송착역은 인천국제공항이다.

홈 페 이 지 www.arex.or.kr
운   행 05:20-23:40 (15-30분 간격)
소 요 시 간 서울역에서 약 22분

지하철

김포국제공항은 지하철 5호선 김포공항역과 연결된다.

홈 페 이 지 www.seoulmetro.co.kr
운   행 05:00-24:00

3. 김해국제공항

김해국제공항은 시내버스, 마을버스, 공항 리무진, 지하철 등을 이용해 갈 수 있다.

김해국제공항 www.airport.co.kr

버스

김해공항으로 가는 버스에는 좌석버스 1009번과 시내버스 307번, 마을버스 11, 13번을 이용하는 방법이 있다.

운 행 05:15-23:20

리무진버스

공항 리무진 버스는 서면/부산역으로 가는 1호선과 남천동/해운대 방면 2호선이 있다.

운 행 06:50-22:00

지하철

지하철을 이용해 김해공항으로 가려면 3호선 대저역이나 2호선 사상역에서 공항역(부산-김해 경전철)으로 환승하면 된다

홈 페 이 지 www.humetro.busan.kr
운 행 05:30-11:30

4. 제주국제공항

제주국제공항은 시내버스, 공항 리무진 등을 이용해 갈 수 있다.

제주국제공항 www.airport.co.kr

버스 : 36, 37, 100, 200, 300, 500번 시내 버스가 제주시내와 제주국제공항을 연결한다.

리무진버스 : 공항 리무진 버스 600번이 제주시내 주요호텔과 제주국제공항을 연결한다.

5. 대구국제공항

대구국제공항은 시내버스, 지하철 등을 이용해 갈 수 있다.

대구국제공항 www.airport.co.kr/daegu/main.do

버스 : 101, 401, 719, 급행1, 동구2 , 팔공1 번 시내버스가 대구시내와 대구국제공항을 연결한다.

지하철 : 지하철 1호선 아양교역에서 버스(급행1, 팔공1)로 15분 소요

수하물 관리 규정

비행기에 갖고 탈수 있는 품목인지 있는지 아니면 위탁수하물로 부쳐야 하는 품목인지 헷갈린다면 교통안전공단 홈페이지에서 미리 확인하고 여행 짐을 싸도록 하자. 품목별로 자세히 검색할 수 있다.

휴대 수하물 : 승객이 직접 휴대하고 기내에 들고 타는 짐
위탁 수하물 : 승객이 수속단계에서 항공사에 운송을 위탁하고 부치는 짐

교통안전 공단 홈페이지 https://avsec.ts2020.kr

기내 O
– 화장품 (개별 용기당 100ml 이하로 1인당 총 1L 용량의 비닐 지퍼백 1개)
– 1개 이하의 라이터 및 성냥 (단, 출발지 국가나 노선마다 규정이 상이하다.)
– 항공사의 승인을 받은 의료 용품 및 의약품
– 시계, 계산기, 카메라, 캠코더, MP3, 휴대폰 보조배터리, 휴대용 건전지, 전자담배 등

기내반입 X
–페인트, 라이터용 연료 등 발화성/인화성 물질
–산소캔, 부탄가스 캔 등 고압가스 용기
–총기, 폭죽 등 무기 및 폭발물류
–칼, 가위 등 뾰족하거나 날카로운 물품이나 긴 봉
–무기로 사용될 수 있는 골프채, 아령 등 스포츠용품
–리튬배터리 장착 전동휠 (전동휠, 전동 보드, 전동 킥보드 등)
–기타 탑승객 및 항공기에 위험을 줄 가능성이 있는 품목

기내 X 위탁 수하물 O
생활도구류 손톱깎이·가위·칼·족집게·와인따개·바늘류·병따개 등 날카로운 금속성 물질
액체류 젤류 100ml 가 넘는 액체류(물·술·음료수·스킨·로션·클렌저·향수 등),
젤류(샴푸·치약·헤어젤·염색약·립글로즈·선크림 등)
인화물질 라이터·살충제·헤어스프레이 등
식품류 고추장·된장·잼·간장 등
창·도검류 면도칼, 작살, 표창, 다트, 과도, 커터칼, 접이식칼 등
총기류 총알, 전자충격기, 장난감 총, 모든총기 및 총기 부품 등
스포츠용품류 당구큐, 빙상용스케이트, 야구배트, 하키스틱, 골프채 등
무술호신용품 경찰봉, 수갑, 쌍절곤, 격투무기류 등
공구류 스패너·펜치류, 가축몰이 봉, 도끼, 망치, 톱, 송곳 등

위탁 수하물 X

- 노트북, 카메라, 캠코더, 핸드폰, MP3 등 전자제품
- 여분의 충전용 또는 휴대폰 리튬 배터리
- 파손 또는 손상되기 쉬운 물품
- 화폐, 보석, 주요한 견본 등 귀중품, 고가품 (1인당 USD2,500을 초과하는 물품)

기내 X 위탁 수하물 X

폭발물류 수류탄, 다이너마이트, 지뢰, 뇌관, 신관, 도화선, 화약류, 연막탄, 폭죽 등
방사성·전염성·독성 물질 염소, 수은, 하수구 청소제제, 독극물, 표백제, 산화제 등
인화성 물질 인화성가스, 휘발유·페인트 등 성냥, 라이터, 부탄가스 등
기타 위험물질 소화기, 드라이아이스, 최루가스 등

※국내선과 국제선, 국제선 각 노선마다 수하물 규정에 차이가 있으니 여행을 떠나기 전 각 항공사 홈페이지를 꼭 참고하도록 하자.

여행 중 비상상황발생 시 대처방법

체코는 치안이 안전한 편이지만 세계적으로 유명한 관광도시이다 보니 관광객을 대상으로 한 도난 및 분실사고는 잦은 편이다. 조심한다고 해도 여행을 하다 보면 뜻하지 않은 사고가 생기기 마련이니, 비상상황 발생 시 대처방법에 대해서 미리 숙지해 두고, 사고가 발생하면 당황하지 말고 침착하게 대처하도록 하자. 자세한 내용은 외교부 홈페이지와 스마트폰 앱에서 확인할 수 있다.

외교부해외안전여행 www.0404.go.kr

소매치기·강도 등으로 도난사고 발생 시

여행 중 가장 많이 발생하는 것이 바로 도난사고다. 요즘에는 스마트폰, 카메라 등 고가의 휴대품을 많이 소지하므로 사고에 노출될 일이 훨씬 많아졌다. 만약 도난이 의심된다면 경찰서에서 도난증명서 Police Report 를 발급받아 여행자보험에 가입한 보험사에 청구하면 보상한도액 내에서 보상을 받을 수 있다. 단, 도난이 아닌 본인의 부주의로 인한 분실의 경우는 보험 항목에 따라 혜택을 전혀 받을 수 없는 경우도 있으니 여행자보험 가입 시 꼼꼼히 살펴보는 것이 좋다. 도난 증명서 발급은 무료이며, 증명서에는 'Lost'가 아닌 'Stolen'으로 적어야 한다. 대개 본인의 이름, 국적, 입국일, 체류지 주소, 도난일자, 도난장소, 도난품목, 모델명 등 세부사항을 기재해야 한다.

신용카드 도난 및 분실 시

분실 사실을 확인한 즉시 각 카드회사에 전화해 카드 사용을 정지해야 한다. 신용카드 회사는 24시간 전화 연결이 가능하다.

현금 분실 시

현금까지 분실했다면 한국에서 송금받는 방법밖에 없다. 한국과 제휴한 은행이나 한국인 직원이 근무하는 은행을 통해 송금받을 수 있다. 또는 외교부 해외안전여행 영사 콜센터에서 실시하는 '신속 해외 송금 지원 제도'를 신청하면 된다. 국내에서 외교부 계좌로 입금하면, 해당 재외 공관(대사관, 총영사관)에서 여행자에게 현지화로 전달하는 제도로 1회 최대 $3,000까지 입금할 수 있다.

여권 분실 시

여권 분실 시에는 가까운 경찰서에서 Police Report 를 받은 뒤, 현지 대사관의 영사과에 방문해 여권 분실신고 접수를 하고 여행증명서나 여권을 재발급받아야 한다. 이때, 여행 전 미리 준비해 둔 여권 사본이 있다면 가져 가는 것이 좋으며, 여권 사진이 없을 경우 메트로역에 있는 즉석 사진 서비스를 이용하면 된다. 여권을 재발급 받았다면 항공권, 패스 등에 여권번호 정보 변경을 신청한다.

준 비 물 여권 사본, 여권용 사진 2장, 도난증명서, 수수료

몸이 아플 때

여행을 하다 보면 무리한 일정이나 바뀐 환경에 따라 갑자기 컨디션이 나빠지거나 몸이 아플 때가 있다. 이럴 때는 무리한 일정은 잠시 접어두고 휴식을 취하는 것이 좋고, 출발 전 미리 감기약, 지사제, 소화제, 해열제 등 간단한 비상약을 준비해 가는 것이 좋다. 많이 힘든 상황이라면 외교부 앱에 안내된 영사 콜센터로 연락해 한국어와 영어 구사가 가능한 의사의 연락처 등을 안내받거나 호텔의 프런트데스크, 민박 주인 등의 도움을 받도록 하자. 여행자 보험에 가입해 두었다면 의사의 진단서와 진료비 영수증을 꼭 챙겨두었다가 귀국 후 보상을 받도록 하자.

여행자를 위한 초간단 회화

체코어를 몰라도 괜찮아요.

체코 여행 시 현지인들에게 체코어를 사용한다면 좋겠지만, 체코어는 우리에게 많이 생소한 언어라 부담스럽기만 하다. 다행히도 관광객들이 많이 찾는 프라하에서는 체코어를 한마디 못해도 영어로 의사소통이 충분하니 걱정하지는 말자. 프라하의 공항, 주요 기차역 등에는 영어로 표기가 되어 있고, 관광지 주변의 레스토랑 및 상점가에도 영어가 통용된다. 또한 프라하 관광명소 주변의 레스토랑 및 상점가에서는 영어 이외에 독일어, 프랑스어 소통도 가능하다.

단, 인기 관광명소가 아니거나 관광객이 적은 도시 등을 여행할 경우 체코어 인사말과 입구, 출구, 역, 화장실 등 간단한 체코어 단어는 익혀 두는 게 여러모로 편리하다. 또한 현지인들과 영어로도 소통이 어려울 때는 가이드북이나 휴대폰에 적힌 현지어 표기를 직접 보여주거나 번역기 앱 등을 활용하는 것이 좋다.

체코어 기본회화

안녕하세요.	Dobrý den	도브리 덴
감사합니다.	Dekuji	데꾸이
예.	Ano	아노
아니오.	Ne	네
실례합니다.	Prosím	프로심
미안합니다.	Prominňte	프로민떼
이게 뭐예요?	Co Je To	초 예 토?
얼마예요?	Kolik	콜리크
도와주세요.	Pomozte mi!	포모즈테 미
화장실	Toalety / Záchod	토알레티 / 자호드
경찰	Policie	폴리씨에
병원	Nemocnice	네모츠니체
기차역	Nádraží	나드라지
버스터미널	autobusové nádraží	아우토부소베 나드라지
티켓	Lístek	리스텍
요금	Jízdné / Tarif	이이즈네 / 따리프

안녕하세요	Hello. 헬로우
감사합니다.	Thank you. 땡큐
괜찮습니다.	That's alright. 댓츠 올라잇
실례합니다.	Excuse me. 익스큐즈 미
죄송합니다.	I'm sorry. 아임 쏘리
천만에요.	You're welcome. 유아 웰컴
다시 한 번 말씀해 주세요.	Pardon me? 파든 미
잠시만 기다려 주세요.	Wait a minute, please. 웨이러머닛, 플리즈
좋은 하루 보내세요.	Have a nice day! 해브 어 나이스 데이
저는 한국에서 왔습니다.	I'm from Korea. 아임 프럼 코리아
못 알아듣겠습니다.	I don't' understand 아이 돈 언더스텐드
영어 할 줄 아세요?	Can you speak English? 캔 유 스픽 잉글리쉬
나는 영어를 하지 못합니다.	I can't speak English 아이 캔트 스픽 잉글리쉬

체크인/체크아웃 하고 싶습니다.	Check in please / Check out please. 체크인 플리즈 / 체크아웃 플리즈
OOO 이름으로 예약했습니다.	I have a reservation under the name of OOO. 아이 해브 어 레저베이션 언더 더 네임 오브 OOO
더블룸으로 부탁합니다.	Double bedroom please. 더블 베드룸 플리즈
객실 예약을 취소하고 싶어요.	I want to cancel my room reservation. 아이 원투 캔슬 마이 룸 레저베이션
좋은 식당 하나 추천해 주시겠어요?	Could you recommend a good restaurant? 쿠쥬 레코멘드 어 굿 레스토랑?
체크인 전에 짐을 이곳에 보관할 수 있을까요?	May I keep my luggage here before my check in? 메이 아이 킵 마이 러기지 히얼 비포 마이 체크인?
체크아웃 이후에 짐을 이곳에 보관할 수 있을까요?	May I keep my luggage here after my check out? 메이 아이 킵 마이 러기지 히얼 애프터 마이 체크아웃?

거리에서

이 버스/메트로가 ~로 갑니까?	Is this bus/metro going to ~? 이즈 디스 버스/메트로 고잉 투~?
메트로/기차역이 어디인가요?	Where is the metro/train station? 웨어 이즈 더 메트로/트레인 스테이션?

식당에서

내일 저녁 7시에 2명 저녁식사를 예약하고 싶어요	I would like to make a reservation for dinner for two person at 7 p.m. tomorrow. (아이 우드 라익 투 메이크 어 레저베이션 포 디너 포 투 퍼슨 앳 세븐 피엠 투모로우.)
주문을 변경해도 될까요?	May I change my order? 메이 아이 체인지 마이 오더?
화장실이 어디에 있죠?	Where is the Toilet / Restroom? 웨얼 이즈 더 토일렛 / 레스트룸?
메뉴를 추천해 주시겠어요?	What dish would you recommend? 왓 디쉬 우쥬 레코멘드?
이 음식에 어울리는 와인을 추천해 주세요.	Please recommend a good wine for this meal. 플리즈 리커멘드 어 굿 와인 포 디스 밀
계산서 주세요.	Bill, please. 빌, 플리즈.

가게에서

가격이 얼마예요?	How much does it cost? 하우머치 더즈 잇 코스트?
이걸로 할께요.	I'll take this one. 아일 테이크 디스 원
부가세를 환급받을 수 있나요?	Can I get a tax refund? 캔 아이 게러 택스 리펀드?

위급한 상황

여권을 잃어버렸습니다.	I lost my passport. 아이 로스트 마이 패스포트.
휴대폰/지갑을 도난 당했어요.	My phone/wallet was stolen. 마이 폰/월렛 워즈 스톨른
가장 가까운 병원이 어디죠?	Where is the nearest hospital? 웨얼 이즈 더 니어리스트 호스피탈?
배가 너무 아파요.	I have a bad stomachache. 아이 해브 어 배드 스토먹에이크
토할 것 같아요.	I feel like vomiting. 아이 필 라이크 보미팅
진단서를 받을 수 있을까요?	May I have a medical certificate? 메이 아이 해브 어 메디컬 써티피켓?

INDEX

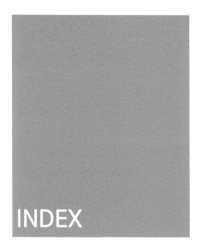

INDEX

프라하

프라하 근교
(플젠, 카를로비바리, 체스키크룸로프)

목적지에 닿아야 행복해지는 것이 아니라
여행하는 과정에서 행복을 느낀다
-앤드류 매튜

도서출판 착한책방

여행을 사랑하는 사람들이 모여
행복한 여행을 위한 책을 만드는 출판사입니다.
여행 가이드북 〈내일은 시리즈〉, 어린이 유럽컬러링북 〈안녕〉 시리즈,
여행회화 〈그뤠잇 여행영어〉, 여행 에세이 등을 출간하였습니다.
앞으로도 낯선 곳을 여행하는 여행자들을 위해
알찬 정보들을 담아 찾아뵙겠습니다.